她力量

独立女性的婚恋成长课

晏凌羊 著

Power of Women

浙江大学出版社
·杭州·

图书在版编目（CIP）数据

她力量：独立女性的婚恋成长课/晏凌羊著. —杭州：浙江大学出版社，2023.12
ISBN 978-7-308-24269-1

Ⅰ.①她… Ⅱ.①晏… Ⅲ.①女性—成功心理—通俗读物 Ⅳ.①B848.4-49

中国国家版本馆CIP数据核字（2023）第190822号

她力量：独立女性的婚恋成长课
晏凌羊　著

策划编辑	卢　川
责任编辑	谢　焕
责任校对	杨利军
封面设计	VIOLET
出版发行	浙江大学出版社 （杭州天目山路148号　邮政编码：310007） （网址：http://www.zjupress.com）
排　　版	浙江大千时代文化传媒有限公司
印　　刷	杭州钱江彩色印务有限公司
开　　本	880mm×1230mm　1/32
印　　张	7.5
字　　数	153千
版 印 次	2023年12月第1版　2023年12月第1次印刷
书　　号	ISBN 978-7-308-24269-1
定　　价	48.00元

版权所有　侵权必究　印装差错　负责调换
浙江大学出版社市场运营中心联系方式：（0571）88925591；http://zjdxcbs.tmall.com

自序：
独立自强，是人生唯一的捷径

（一）

我第一次买房后，有好多人问我："你爸妈给你出了很多首付吧？"

我说："我爸妈都是农民，一分积蓄都没有。我上大学靠的都是国家助学贷款，更别说他们给我买房了。"

买完房几年后，我去闺蜜的老家玩，开了我刚买的新车。

闺蜜跟她爸介绍起我，说我已经在广州买了房和车，她爸爸"哦"了一声，问我有没有结婚。我说，连男朋友都还没有呢。

后来有次她爸跟她聊天时说："你那个当小三的朋友，之前买的那套房子涨了吧？"闺蜜大吃一惊："谁？谁是小三？我哪个朋友当了小三？"

问了半天，她才知道她爸说的是我。她爸的理由是：一个女孩子，那么年轻就在广州买房买车，十有八九是当了人家的小三，让男人买给她的。这种事情，他见得实在太多了。

闺蜜有点生气地问她爸："谁跟你说她当了小三啊？人家买房子，完全是靠的自己啊！她爸妈都是农民，她自己有一份比较稳定高薪的工作。"

闺蜜把这事儿说给我听了，我听了真是一头雾水。

我回答闺蜜："谢谢你爸对我颜值和身材的肯定。"

再后来，我结婚了，然后又离婚了。离婚时，我只要了我婚前买的房子以及孩子。

孩子大一点之后，房子不够住了，我张罗着要换房。对于买哪个板块，我拿不定主意，就问了一下身边懂行的朋友的意见。

一个大姐旁观了我的问询行为，问了我一句："羊羊，你要再婚了吗？"

被问得一脸蒙，我反问她："啊？你为啥这么问呢？"

她回答："我以为你要再婚了，才跟老公一起换房呢。"

我说："一个人也可以换房的啊。"

后来我明白了，可能在她的认知里，一个离异女人是很难有钱换个大点的房子的，除非她和另外一个人一起买。毕竟，广州房价那么贵。

前两年，我又倒腾了一下房子的事儿，之前住的那个小区有个相熟的邻居听说了，问我："离婚的时候，你前夫分割给了你一套房子对吧？"

我又是一脸蒙。

平日里，我确实穿着简朴，出门也不常开车，生活里唯一"露富"的表现就是搬家。可因为我这个离异身份，还是有好多人认为我之所以能住大房子，是因为离婚时前夫分割给了我一套房子。

关键是，每次我解释完，她们还认为我是靠男人才买的房子，只是不好意思说。

我遇到的绝不是特例，一些女孩子在买房后得到的不是赞誉，而是质疑："她买房的钱都是从哪儿来的呢？"

我感觉我们这个社会，有时对女性的恶意确实有点大。男人买房，如果靠的是父母帮忙，大多数人也不会上升到"靠爹"的层面，只觉得那个男人出得起首付、供得起月供，是个潜力股。男人买房也很少被怀疑是靠女人，而同样买套房，女人就容易被质疑。

当然了，这也从侧面说明：女性普遍没男性有钱。这也是事实。不然，人们也不会形成"女人买房多多少少得靠爹、靠男人"这种认知。

令人遗憾的是，这种声音，很大一部分还是女性发出来的，特别是那些只习惯找男人要生存资源的女性。在她们的人生选项中，没有"靠自己"这一项，因此，当真正"靠自己"的女性冒出头来，对她们是一种莫大的冒犯。不去找点优越感，可能她们就无法维护内心秩序。同情和污蔑"靠自己"的女性，不过是她们维持心理优越感的手段罢了。

在网络上，我曾经遭受过这类女性的攻击。她们用来攻击我的话术是这样的：

"你看看她，没男人要呢，肯定是因为不会打扮。"

"你看看她，就是太强势了，她老公才会出轨。"

"你看看她，还得辛辛苦苦挣钱买房子，她男人都不愿意在房产证上加她的名。"

"你看看她，离婚时都不敢分割前夫的财产。"

她们似乎不知道，"女人会不会打扮"不是"有没有男人要"的前提条件，女人的价值也不是建立在"有没有男人要"上；丈夫是否会出轨，只取决于他自己对自我、对婚姻契约有怎样的认知，妻子有任何缺点都不能成为丈夫出轨的理由，因为丈夫还有一个选择叫"离婚"；女人离婚后分到了前夫的一部分财产，大概率上是因为这位前夫"愿意给"，而不是"你敢提"。

也许，对她们而言，女性获取生存资源的路，只有"跟某个特定的男人绑定、纠缠"这一条。可她们没有意识到，把跟男人纠缠的那功夫拿去拼事业，或许早得到自己想要的一切了。

明明"跟男人纠缠，以获取生存资源"是赢面最小的一种路径，可仅仅因为一两个女人由于男方"大发慈悲"得到了自己想要的东西，其他女人就以为自己也一定能得到。

这种心理，跟买彩票的心理差不多。

你买你的彩票，我卖我的烧饼。你找男人要猪腿，我自己要去森林里打猎……咱们本就不是一路人。

（二）

从小，我们就接受这样的一些规则：女人不如男人，也永远不要幻想跑到男人前面。

男尊女卑了那么多年，这种意识像是废弃房间中的霉味一样，每个人的衣服上、头发上甚至灵魂里，或多或少都被沾染到。很小的时候，我就看到了一些男女不平等现象：家里资源有限，先紧着男孩子用；没钱供两个孩子上学，那就先让女孩子辍学。课堂上很讲纪律的女同学辍学了，而那些一放学就开始打群架的男孩子却顺利读到了初中。

从小学二三年级开始，我的学习成绩就一直名列前茅，但是，这中间，我也遭遇到了一些人的打压：

"女孩子读书都不行的，智商比不上男孩子，就小学厉害些，上中学以后就跟不上男生了。"

"女孩子读书好有什么用？还不如学做菜。读书不成器的话，将来还能找个好婆家或者去街上开个饭馆。"

"你一个女孩子，将来好好找个人嫁了就得了，那么努力干吗啊，难道你还想强过男人啊？"

可是，社会发展到今天，女人们不是必须"靠男人"才能赢得自己想要的一切。我们可以不当"讨要者"，我们也可以成为"创造者"。我们不一定要等着男人给我们发粮，我们可以自己亲手去耕作，收获自己想要的粮食，也可以扛着猎枪去森林里捕猎。

有鉴于此，我觉得，身处现在这样一个社会，女性从小保持点"谁说女子不如男"的意识真的太重要了。

很小的时候，我就听说过秋瑾的故事，第一次看到秋瑾写的"谁言女子非英物，夜夜龙泉壁上鸣"，我就把这句诗写在了语文课本的扉页。

之后，我又了解到了花木兰、李清照、向警予等人的故事，这些对我而言是一种莫大的激励。

这些女性人物的故事，不仅让我产生了平权意识，也开拓了我的竞争格局。我不再单把女生视为竞争对手，而是把所有"优秀的同学"（不分男女）都当成了学习和超越的对象。

再之后，我接受了大量的平权教育，它让我意识到：漫长的封建社会对女性的压迫、剥削是比较严重的，而且，它已经形成了一种社会惯性思维，至今仍有余毒。意识到这一点后，我原谅了自己，不再像从前那般，一遇到问题就习惯性地在自己身上找原因，毕竟，这会让人越活越自卑，而自卑是追求幸福的大敌。

有些问题，真不一定全是我的错，它甚至已经成为一个结构性的社会问题。个体身处这种大环境中，很难不被裹挟，所以，我原谅自己了，不再和某些事情较劲了。

当然，我原谅了自己，并不等于说我会把自己遭受的一切不好的事情，都归因于这个社会。我觉得，这是一种"失败者思维"。一个人遭受的处境和一个群体遭受的处境，根本就是两码事。

真的勇士，不能总将自己的无能，隐藏到宏大叙事中去。大环境只是你的背景、你的舞台，怎么把人生这支舞跳好，还得看你自己。

这几年，面对一个人，不管男女，我首先看到的，是对方是一个怎样的"人"，最后才关注到TA的性别、籍贯、年龄、学历等等。一个人首先是"人"，然后才分男女。

我愿意服从做"人"的好倡导、好准则，只是不再服从于"做女人"的那套规训。当我只拿"人"的标准来要求自己后，就活得更自由了。

我开始发自内心地热爱自己的性别，赞叹优秀女性的智慧、坚韧，懂得用欣赏而不是嫉妒的眼光看待她们。

我愿意和她们守望相助而不是玩"宫斗"，对其他女性的困境也更容易生出悲悯心，而不是生出"我就不似你那么蠢"的傲慢。如果我讨厌一个女人，那一定是她作为"人"的属性让我感到讨厌，而不是因为她是"女"的。

平权教育带给我的，更多是自强，而不是仇恨。事实上，我不仇男也不反婚反育，但我认为女性应该有各种自由，包括结婚自由、不婚自由、生孩自由、不生育自由。

我觉得，"女性议题"和"贫困议题"类似。如果你觉得自己是穷人，那你最应该做的，是努力改变自己贫困的状态，而不是一味仇富。如果你觉得富人都是因不择手段致富的，那你可以试试看，"择手段"是否也可以致富。

最重要的不是仇恨，而是用行动去践行自己信奉的那一套价值观，维护好内心的秩序。

早些时候，我跟一个事业有成的女性朋友聊天，她跟我说：你发现没有？其实，当我们的经济条件改善了以后，人也就不那么容易愤怒了。

我觉得这真的很值得我们思考。愤怒这种情绪，引导得当，它能成为你的助力；若是引导不当，它会灼伤自己。遇到一些不公现象，谁都会愤怒，但愤怒之后怎么办，才是每个人都要去面对和思考的问题。

现今很多人都在讲网上男女对立严重，呼吁改变这种现状，但现实生活中这一问题的改变并不大。在当今这个社会，女性想要出人头地、获得幸福，总要付出更多的努力。但我看到有越来越多的女性在觉醒、在改变。

在网上陷入骂战，毫无意义。多赚点钱、多一些积蓄，等国家统计女性收入、买房率等相关数据的时候，数据和事实足以说明一切。一个人螳臂当车，当然是不自量，但很多人一起螳臂当车，就有可能刹住车、一点点重建规则。

在当今社会中成长起来的女性，不自觉会有一个自我训诫、自我设限的过程。她们生怕自己做得不够好，就会遭受来自四面八方的女职（母职）的打压和惩罚，于是，干脆自我阉割了狼性和血性。待到一日突然了悟，打破了"我执"，可能已经走到了中年，早已失了锐气，或是即使锐气仍在，体力也跟不上了。

这是我写这本书的最大动因。

无数事实告诉我们：独立自主才是唯一的好出路。苦是会苦点，风险是大了点儿，但"胜利"的果实会很香。

作为女性，有幸生活在这个比以前更平等的时代，我们更该自立、自强、自尊、自爱，刷新大众对我们女性的认知。我们永远不要迎合"以弱为美"和"以攀附为荣"的审美体系和价值观，要抢占各领域的社会资源和话语权，阔步迈向独立自强的新征程。

"我生来就是高山而非溪流，我欲于群峰之巅俯视平庸的沟壑。我生来就是人杰而非草芥，我站在伟人之肩藐视卑微的懦夫！"

张桂梅创办的丽江华坪女子高级中学的这句誓词，值得所有女性牢记并践行。

目录
Contents

第 1 章　定位逻辑：活出主体性，用独立的思想自我负责

01　女人最终的归宿是自己　/ 003

02　女人靠征服男人征服世界？这是谎言！　/ 009

03　女人要亲自铺好自己的出路和退路　/ 017

04　可以适当降低爱情在人生中的比重　/ 025

05　光明的前途，绝不属于"怨妇"　/ 033

06　有些捷径和跳板，实际上是深坑　/ 042

07　女人也该"人狠话不多"　/ 047

08　女性成长路上最重要的一关就是破除情执　/ 056

09　男人四十一枝花，女人四十豆腐渣？　/ 067

第 2 章 认知逻辑：活出进取性，用全新的观念摆脱桎梏

01 不让"空心人"拖垮自己的人生 / 075

02 不必把做事的时间，花去跟父母论理 / 084

03 女人没有带领男人成长的责任 / 090

04 女人不作，男人不爱？ / 094

05 "煤气灯效应"造就的"疯女人" / 102

06 大城市女性如果想结婚，找对象还是要趁早 / 109

第 3 章 执行逻辑：活出实践性，用超强的行动突破难题

01 及时止损，不做感情中的赌徒 / 119

02 "姐弟恋"不是洪水猛兽 / 125

03 成为主角，不做花边 / 131

04 不做伴侣的"差评师" / 140

05 不散伙的婚姻，靠的就是"供需平衡" / 147

06 婚姻也是"天时地利人和"的迷信 / 152

07 女孩们，别低估自己的自愈能力 / 159

08 不信良心，只信制衡 / 165

第 4 章　成长逻辑：活出发展性，用长远的眼光看待人生

01　去他的人生赢家　/ 173

02　不要恐惧被抛弃，我们都要学会抛弃恐惧　/ 180

03　可以向往婚姻，但一定要有"离婚力"　/ 187

04　好好爱，也好好告别　/ 195

05　中年人只能遇山开路、见水搭桥　/ 200

06　人到中年，更能感知婚姻和成长的意义　/ 209

07　用积极的思维经营亲密关系　/ 215

跋文：与你携手，走向下一个十年…………………………… 221

—— 第1章

定位逻辑：
活出主体性，
用独立的思想自我负责

01
女人最终的归宿是自己

（一）

1971年10月7日，香港才废除一夫多妻制。看香港上一代豪门故事，总觉唏嘘：富豪们一开始大多一文不名，在年轻时认识了原配妻子，妻子在创业过程中给过他们很多帮助，成就了他们的事业版图，而他们在飞黄腾达后，大多又娶了姨太太。原配妻子呢，此时已经人老珠黄，加之在家庭中的地位下降，只能任由他们折腾。于是，最终能享受富豪们财富红利的，往往不是原配妻子和她的孩子们。

看香港那些豪门八卦，我总觉得：旧式女人对完整的婚姻和家庭的执迷，好似都刻在了骨子里。她们似乎没办法接受自己没有男人爱、没有所谓"完整的婚姻和家庭"。因为这种"没有",意味着失败。为此,她们宁肯拿自己所拥有的一切,去换取这份所谓的"完整"。

爱情是蜜糖,但变了的人心有可能是毒药。对婚恋抱有太大的执念,对女性来说不一定是好事。

从小,我们女孩就都被灌输这样的观念:婚姻是女人的人生中最重要的一部分,没有丈夫和孩子的人生是不完整的。可是,这种观念很有可能是错误的。

我们能拥有怎样的人生,才是我们生命中最重要的一部分。

男人可以选择怎么活,女人也可以选择怎么活。男人更多时候是把爱情和婚姻视为人生的一部分,而不是全部,我们其实也可以。

女人一旦能放弃这种执念,就会得到"大自在"。只是,要放弃这种执念,何其艰难?你可能会站在一些人的对立面。没有足够的勇气和能力,是不敢走这一步的。

很多时候,我觉得女人接受的最大的洗脑就来自爱情。

她们总以为有情饮水饱,总以为爱情能解决一切生活难题,信奉"执子之手,与子偕老"。为此,很多女人愿意为爱情赴汤蹈火、粉身碎骨。一旦爱情没了,就哭天抢地,痛苦得无法自拔。

可事实上,爱情不过就是人生中占比的一部分。那些能白头偕老的人,也不都是一直牵着手。我们遇到谁,和他相扶着走了一段,也不过就是"走一段"而已。爱情和亲情、友情、同事情、同学情等等一样,也不过就是人际关系中的一种。

更何况,还有很多男人找女人,只是因为"需要女人",而你刚好是那个女人。他未必真爱这个世界上独一无二的你。

一想到此,我顿时觉得:面包比爱情重要。如果我们都能在获得面包之后还能拥有点自由,比如择业自由、择偶自由,那就更好了。

爱情就像一部电影,是茶余饭后的消遣。电影好看就去看看,没空就不去看。看完了若是不好看,把票一撕,该干啥干啥去。

爱情只是人生中的一部分,是有必要尝试和经历的东西,但它不该被放到"至上"的位置,不该成为你的阳光、空气和水。

你不是鱼儿,爱情也不是水,它只是一份餐后的甜点。有它,内心愉悦;无它,有点缺憾,但不至于为它要死要活。

情爱重要,但我们的生活中不应该只有情爱。是要把生命局促于小情小爱,还是要把自身的能量释放于大地长天、远山沧海,只是一种选择。

(二)

前段时间,我写下这么一句半调侃半认真的话:

"男人的膨胀,从得到开始。女人的飞升,从幻灭开始。男人发迹之后,特容易膨胀。女人幻灭之后,特容易发迹。"

我们身边,不乏膨胀的男人。

在我的第一本书《那些让你痛苦的,终有一天你会笑着说出来》中,我讲过这样一个真实的故事:男主角因偶然机会成了暴发户,然后就膨胀了,有了小三、小四,而且她们彼此不知道彼此的存在。

几乎所有膨胀的男人,最后都会被现实打回原形。这位男主角"潇洒"没几年,后院失火,几个女的联合起来整了他一顿,他一夜之间破产,被打回原形,想东山再起已经很难了。

有些男人认为,只要自己足够有钱,就可以不把别人的感受放在眼里。可无数事实证明,他们最后还是会栽在自己的傲慢上。如果他们的才华撑得住名气,倒还可以再蹦跶一下。若是撑不住,也就糊了。

有意思的是,女人的飞升,往往在"幻灭"之后开始。

我认识的很多女性,都是在意识到"男人靠不住,我还是得靠自己"之后,一步步攀上了更高峰。

促使她们奋进的,可能正是那种对爱情、婚姻、男人的幻灭感。

整体而言,我们这个社会的女性的"狼性""血性",确实不如男性。我们从小就常听到这样的话:"大不了嫁个好人家嘛。"言下之意,你也可以不努力,因为你的退路是嫁人。

就这样,很多女性出去工作,为的似乎就是那一份工资,没有利用工作培育自身人脉、技能、社会资源的意识。在和男人感情好的时候,她们特别容易做出"靠男人"的决定。男人变心了,要离开,她们要么抓瞎,要么幡然醒悟,努力奋起。

而男性相对来说不容易被所谓的退路所诱惑,因此他们更容易保持狼性。在这方面,我们女的真得学着点。

总体来说,我觉得女性早点经历幻灭,未尝是一件坏事。早点了悟,早点奋起,早点得自由,总比七老八十才发现"我还是得靠自己"要好。

(三)

我一直不是很认同把择偶称呼为寻找"另一半"的说法。它表达的是一种缺失的概念,只有找到另一半才算圆满。可问题是,我们可以自己独立成圆,不需要别人来补齐。

人类择偶,就非得是一个半圆遇到另一个半圆么?就不可以是一个球体遇到另一个球体,大家一起往前"滚"么?

很多女人要寻找"归宿",但我们很少听说男人需要找什么"归宿"。

很多女人还会对自我进行"暗示":自己找不到归宿,就意味着失败。为此,她们宁肯拿自己所拥有的一切,去换取这份所谓的"完整"。

有的女人一生都在寻找所谓的完整和归宿,有的女人则转而向内寻找自我。她们一旦意识到"一切只能靠自己"时,就会变得清醒、通透,继而慢慢强大起来。

这时候,再回忆起某些或荒唐或狗血的往事,就能云淡风轻、自然坦荡。

傻过?没关系,"了悟"了就行了,余下的人生就是赚来的了。

不管男女,大多希望自己能有美满的婚姻,但其实,女明星也好，普通女孩子也罢，感情平顺的女人是很少的。一走上爱途就通透清醒的女人，也是很少的。

绝大多数女人都在情感中犯过糊涂甚至犯过错，而认识自我、找到自我、活出自我需要一个漫长的过程。

那些你摔过的跤、流过的泪、受过的伤，都会成为你的成长勋章，成为你"认识和找到自我"的必经之路。

因为爱过，所以知道什么是不爱；因为错过，所以知道什么是自尊；因为伤过，所以知道什么是坚强；因为年轻过，所以知道什么是青春。

对女人来讲，没有人是你的归宿，自己才是自己的归途。我们终究要亲手创造真正属于我们自己的人生。

你只有先找到自我，才能走对路、做对事、爱对人。而女人的独立和清醒，不过就是早日"找到自我"，并"活出自我"吧。

02
女人靠征服男人征服世界？这是谎言！

（一）

前段时间，我接触到这样一个案例：

男方和女方是小学同学，青梅竹马一起长大那种。两家又是世交，彼此知根知底。两人谈了十几年的恋爱后，在亲戚好友的祝福下结婚。

婚礼当天，左邻右舍都说他们俩男才女貌，是"天作之合"。

结婚后，两人一起辞职创业，开了一家公司。后来，女方怀孕了，男方觉得销售这种苦力活由他来做就好了，就让女方转岗去做仓储。

女方也觉得做仓储不需要跟奇葩客户打交道、不需要经常出去应酬、不需要全国各地到处飞，就心安理得地去了仓库。

公司发展十年，赚到了不少钱，女方也一度觉得目前这种生活太美好太幸福了。男人冲在前线打猎，她在大后方管好家庭和小孩，时不时去公司晃荡晃荡，刷刷作为"老板娘"的存在感。

她一度觉得自己是"幸福女人的样本"。

结果呢？俗套的事情发生了：孩子六岁时，男方出轨了。女方咽不下这口气，两人面临着离婚。

谈离婚时，男方很大方，也认可女方的家务贡献，将家里的房产都给女方，自己只要公司和车。

女方这才发现：公司的核心资源全在男方的手里。即使男方把公司给了她，他也很快就可以重起炉灶，将事业发展起来，把分给她的公司变成一个"空壳"公司。而她那个仓储岗位，随便招聘一个人就能顶替掉自己。在职场上懈怠了几年，她离婚后要再出去找工作，就比较难了。

男方离了婚，几年就可以再赚到一套甚至几套房子，而女方分到那两套房子后，自己的财富值就已经顶到了天花板。家里一直有请保姆，如果女方婚后还想维持这种生活质量，光靠两套房子是不够的，还是得有持续的收入。

如果她要求分割公司的股权，股权分红也未必靠谱。公司实际上赚300万元，但年底算账时账面上的利润可以只有30万元……当公司的实际控制权、核心资源都在男方手里以后，任何公司权益对她而言都没有任何实际意义。

最终，她考虑再三，选择了分走两套房子。

第1章 定位逻辑：活出主体性，用独立的思想自我负责 / 011

我觉得这就是一个以"保护"为名、以爱为名剪翅膀的故事。那些看起来最舒适的选择，事后看来往往是最艰苦的。

跟男方一起创业的阶段，女方也是身先士卒，对公司的业务流程、管理、财务、风险控制等领域，她也都是在行的。但是，后来，她觉得回归家庭是一条更为舒适的路，就慢慢放弃了去前线冲锋陷阵的机会。

再之后，公司大权旁落，她自己也慢慢被架空了。

很多人看到这个故事后，认为女方离婚时能得到两套房子，就算是打了胜仗了。

为什么人们会有这样的认知？大概过去十年房价的猛涨，让大家产生了一种"只有房子才最值钱"的幻觉。可是，一个三线城市的两套房子和一个三年后可以年赚百万的公司，到底哪个更有价值呢？

前者是一只可以马上屠宰的肥羊，而后者是一只下蛋能力超强的母鸡。离婚时，男人以放弃房子的代价赢得公司的控制权，就是看中了其潜力，他自己也更愿意豁出去迎接挑战和风险。

我们这话的意思不是说，女事主的选择不对。事实上，任何一种选择都应该被尊重。但我还是想提倡，女性在婚姻中也要适当学习男性的思维。

他们当中很多人懂得放弃眼前的那点甜头，谋取更长远的利益。他们知道自己作为男人没多少退路，所以更舍得吃苦，更爱拼搏。

你若是跟一个男人说："哎呀，去外面拼搏多辛苦，你在家里带好孩子就行啦。公司的事情都交给我,我来养你。"没几个男人会把这话听进去,更鲜有男人在听到这话后毅然决然辞职回家带孩子。

但是,如果一个男人把同样的话说给女人听,女人或许就觉得:"哇,我好幸福,老公好爱我。其他女人也会羡慕我。"然后,她真的辞职回家当了全职太太。

长期以来,女性被教导"要做男人背后的女人""要相夫教子",多的是情感思维(纠结对错,纠结那个人爱不爱自己),而缺少职场思维(看利弊)。

可我觉得,女性也要跟男人们学着点。

男人们很少会因为一个女人说要养他而心生感动,他们甚至会有一种基本的警觉:她这不是在爱我,是在害我。虽然,现实生活中,在"女养男"的婚姻模式中,女人始乱终弃的概率比较小。

而在"男养女"婚姻模式中,男人始乱终弃的概率那么大,但还是有不少女人相信自己选中的那个男人和其他男人不一样,一听到"我养你"这话就感动得辞职回家。

男权社会给了男人极大的利好,但他们也承受着极大的压力。这符合权利义务对等原则。

比方说,女人家里出事儿了,找男友借钱,大家都觉得这男人应该要借;反过来,如果男人家里出事儿了,管女人借钱,舆论可能就骂他想吃软饭……

当整个社会都要求男人要"像个男人",而对女人的要求只是

第1章　定位逻辑：活出主体性，用独立的思想自我负责

"嫁个人就好了"，男人们就很舍得对自己下狠手，因为他们知道，婚姻不是他们的退路，自己必须像个男人一样去战斗。

女人呢，一想到自己"大不了还可以找个人嫁了嘛"，就顿时觉得自己不用那么拼。

这一点，波伏娃早已在《第二性》中阐述得明明白白：

> 男人的极大幸运在于，他不论在成年还是在小时候，必须踏上一条极为艰苦的道路，不过这是一条最可靠的道路；女人的不幸则在于被几乎不可抗拒的诱惑包围着；她不被要求奋发向上，只被鼓励滑下去到达极乐。当她发觉自己被海市蜃楼愚弄时，已经为时太晚，她的力量在失败的冒险中已被耗尽。

（二）

从小到大，我们女孩子很容易听到这样一句训诫："男人靠征服世界来征服女人，女人靠征服男人征服世界。"言下之意，男人们都是给女人打工的，他们成了女人征服世界的桥梁。

一些女性非常认可这句话，并将其奉若圭臬。

以前，我跟一个开大奔的年轻美女聊天。我问她，你是做什么工作的呢，年纪轻轻就能赚这么多钱。她很坦然地回答我："我从大学毕业后就没参加过工作。你要记得，男人征服世界，女人征服男人。"她说这话时脸上露出的得意之色，我至今都记得。

"男人靠征服世界来征服女人，女人靠征服男人征服世界"这

话，乍一看似乎挺有道理。

男人先要去征服世界，他变有钱了，才有女人愿意爱他。女人呢，通过嫁一个男人，获得了男人的资源，并看到了更大的世界。

可现实真是这样的吗？

美色是不是男人的终极目标？显然不是。热衷于征服世界的男人，可能只把女人当作花边、调味料。他们的终极理想，可不一定是得到某个女人。美色或许只是他们的战利品，A女可以，B女也行。

女人真能通过征服男人来征服世界？NO！NO！NO！男人征服完世界之后，如果能拿到一百分，他们顶多能给女人五十分。爱心不够泛滥的男人，也许只愿给女人五分。

他出门打猎，回到家里他吃肉，你可能只能喝汤。就喝点肉汤，你还得看对方的良心和心情。

这世界上哪有那么多"一心只为了女人去打拼"的男人呢？

男人征服世界可不一定是为了女人，更多是为了他自己。女人越是想通过征服男人来征服世界，就越容易遇上那种算盘打得贼精的男人，他们可不愿意做你征服世界的垫脚石、攀云梯。

我身边也有一个姐姐，离婚时用的就是"职场思维"。她和前夫一起开了一家童装厂，从创业伊始到公司发展壮大，她全程亲力亲为，哪怕是孕期、哺乳期，也冲在前线对接客户资源。

离婚时，夫妻俩分割财产，男方要求分割公司的一半股权，房子、家庭储蓄也要分割一半。谈判了许久，最后双方谈妥了：公司和孩子给她，房子、家庭储蓄全给前夫，前夫按月给孩子付抚养费。

第1章　定位逻辑：活出主体性，用独立的思想自我负责

听到这个决定，她身边所有人都说她脑袋被门夹了。按照当时的市场价计算，房子和储蓄加起来，可比那公司值钱多了。而且，在大多数人看来，一个女人经营那么大一家工厂，没有男人帮扶，一定会很辛苦，还不如直接拿房子、现金走人。

刚离婚那阵子，因为缺失了前夫这个操作机器很娴熟的"技术大拿"，某些项目只能外包，她的公司一度陷入发展瓶颈。后来她花了将近一年多的时间培养出一个熟手，终于使公司业务走上了正轨。没了前夫的指指点点和干涉，她可以完全按照自己的想法做企业，现在，她早已不将当初分割给前夫的那点资产放在眼里了。

小雪是我认识了多年的老友。十年前，她离了婚，被前夫和前公婆赶出家门，被迫与儿子分离，揣着80块钱出去找工作，随后创业。现在，她已经开了三家公司，基本实现了财务自由。前两年她再婚，生了个女儿，丈夫和婆家待她很好。

我们都是因为离婚而摆脱了思想枷锁，继而发现了另外一个自己，走出了不一样的人生的人。上次跟她一起吃饭，我们一致感慨：你不对自己狠，别人就会对你狠。人生么，吃苦和受气总得选一样，不吃苦也不受气的事几乎是不存在的。

我真心感觉，我们这个社会的女性比男性更不容易的一点在于：我们需要吃很多亏、受很多苦、摔很多跤、付出很多代价，才能逐渐摆脱男权价值观对我们的束缚和影响，转而追求自我提升和自我价值的实现，而男性天然没有这样的阻碍。

这跟整个社会培养女孩的方式有关，男性站在起跑线上可以拔

腿就跑，而女人得先扯掉裹脚布，放开双足，再练习奔跑。更可悲的是，光让女性意识到脚上缠着布或裹足弊大于利，都是一项任重道远的思想运动。

觉醒并不是一件容易的事，需要悟性和契机。觉醒之后的路更是充满荆棘，但你只要舍得对自己发狠，世界就会为你让路。而我们，要尽力拆除思想的藩篱，拿出改变自我、再创明天的执行力，言传身教，让下一代女孩少走一些弯路。

我在这里没有任何鼓吹"女人都要去做女强人"的意思，只是觉得：这个社会无形中给女性设置了许多思想桎梏，这些桎梏看起来也有一些道理和合理性，像是在保护你。可我们要学会分清哪些是真保护，哪些是以保护为名麻痹你、剪去你的双翼、堵上你的退路。

女性若能反抗社会一些观念对女性的洗脑，放弃对男性的过分依赖、对婚姻的幻想，不把任何人、事物当成避风港和退路，其实也可以很强的。

而一旦女人也开始变强，能让我们感到恐惧的东西、言论就变少了。

强，则自由。

03
女人要亲自铺好自己的出路和退路

（一）

我一个朋友在十几岁该好好读书的阶段，没有刻苦学习。她父母那会儿在闹离婚，确实也对她心理产生了重大的影响。二十几岁，该拼事业的阶段，她四处相亲、谈恋爱，常常为了一个男人从一个城市跑去另外一个城市发展。

恋爱谈了几段，没有一段修成正果，意识到自己需要为未来存点钱的时候，她妈妈得了癌症。她不得不经常放下工作去照顾妈妈，因为爸爸根本指望不上。

她好不容易通过工作攒了点钱，又因为帮妈妈治病，全扔进了医院里。

那时候，她谈了一个年纪比她大很多岁的男朋友，愿意为她负担她妈妈的部分医疗费，不过那个男人有过一段婚姻，带着一个孩子生活，并不想结婚。她没耐心继续跟他谈下去，选择了分手。

她妈在病床上说，她最大的心愿就是自己这个独生女儿早日有归宿。于是，她草草去相亲，找了个条件比较一般的二婚男人。为了完成母亲的心愿，她结婚了。

男方婚前吹嘘说"自己有一家店"，可她嫁到男方家以后才知道，实际上男方只是个守店人，店铺的实际控制人是男方的妹妹，男方每个月就从自己妹妹那里领取六七千块钱，家庭大部分的开支也都由妹妹承担，连他自己与前妻生的儿子都是妹妹在养。

结婚没多久，她怀孕了。那时她想母亲时日无多，如果能看到她生下一个孩子，应该会很高兴。岂料，孩子出生前三天，她妈妈因为实在受不了癌痛的折磨，跳河自杀。

她含着泪把大宝生下来，结果大宝才两个月，她又怀上了二胎。

怎么办？打掉吗？她不忍心，当时她得了化脓性乳腺炎，做了小手术，也不想再对自己的身体形成伤害。不打吧？家庭情况实在不允许她再生一个孩子，而且老公也不同意。

就这么纠结了一个多月，她还是决定留下这个孩子。于是，她一边怀着孕，一边照看大女儿。二胎是个儿子。儿子落地后，她就更没法出去工作了。

儿子学会走路后，腿部有点残疾。她带着儿子四处求医问药，刚好这时候，她一个朋友跟她说，某个（直销）产品特别好，邀请

第1章 定位逻辑：活出主体性，用独立的思想自我负责

她入会参与销售。

她当时每周要去医院给小儿子做腿部电疗，要花不少钱。看到她朋友推广的产品跟医院里搞的电疗有点类似，就心动了。

她想着，即使靠不了产品赚钱，也可以给自己儿子治病，然后就四处借钱入了会。只可惜，这是一家传销组织，入会没多久，那个组织就被端掉了，她血本无归。

也因为她损失了这几万块钱，她老公特别生气。每次她管老公要钱，老公就对她冷嘲热讽，说自己当初阻止她入会，她非不听，现在活该。

她老公是个怎样的人呢？本事没有，脾气很大，店铺里那点活儿都做不好，若不是靠自己妹妹，他可能连工作都找不到。而他所说的阻止，不过就是不愿意借钱给她而已。

前段时间，她老公认识了一帮搞公益的人，一到周末就出去搞活动，说是可以借机扩大自己的"人脉资源"，家里的事从不搭把手。

有一回，她来我家里，收拾走一批我女儿穿不了的衣服、鞋子，说当天要回去。我说，现在已经太晚了，今晚你就住我家。她想了想，也觉得应该要让她老公尝一下一个人带两个孩子的滋味，就没回去。结果她老公一晚上给她打了无数个电话，催她赶紧回去带孩子，还问她是不是真的来了我家。她有点生气，让我直接跟他老公通电话，证明她确实是在我家。

我把电话打过去，她老公对我这样的"成功人士"（他认为的）很客气，还以主人的姿态跟我说了句"那给你添麻烦了啊"。

她也想过离婚,可是,眼前的状况怎么离呢?离了婚她连去处都没有,还有两个孩子要养。她要是不管不顾地走了,两个孩子也就废了。

她提及现在的人生,说不明白为啥过成这个样子。婚前一直在还债,因为母亲得癌症花了很多钱。婚后也一直在还债,因为被骗。

我说,当初你要是不听你妈的话,不要为了她去结婚生子,你现在的日子不知道有多爽。她说,婚还是要结的,孩子也还是要生的,是我太着急了,没找对人。

她会有今天,当然有自己的原因,可后来我又觉得,一切的起因是因为她摊上了一个非常不负责任的爸爸。

如果她爸爸不那么自私,她就不会对自己的妈妈生出那么多的同情心和孝心,不会拼了命地只为讨那个"可怜妈妈"的欢心。如果她爸爸不那么渣,她妈妈可能就不会得癌症,哪怕不幸得了癌也会有人照顾,她就不需要三天两头从公司请假往家里跑,后面的一切可能就不会发生了。

只能说,渣爹毁妈,也毁孩子。渣爹会产生一种可怕的吞噬能量,吞噬掉孩子的人生,可不是每个孩子都有能耐抵御住这种吞噬。

朋友说她今年都四十岁了,现在已经不在乎自己这辈子能活成怎样了,她只希望能尽全力给两个孩子开出一条光明的路,别让他们再重复自己的命运。

我听了,只能唏嘘。

（二）

前段时间，这位朋友和我说想离婚。

我说，你先别着急提离婚。你先出去找工作，把路走稳了再说。离不离婚不重要，让自己变得有底气更重要。你现在离了能去哪里？你连住的地方都没有。

老家，她肯定是回不去的了；婆家，几乎也快待不下去。婆家看她没钱、没工作、娘家又没人，有点轻视她。丈夫呢？只希望她在家当"老妈子"，可是他又没有能养得起"全职太太"的能力，孩子上幼儿园的钱都没有了，还要她去想办法。

两个孩子呢？年纪尚幼，家里又请不起保姆，她要是出去工作就只能让公婆帮带孩子，她要是选择自己带孩子就没法出去工作。

我觉得现在的她好被动，也不大理解当年她妈妈为什么一定要逼她快点结婚。她妈妈本身就是一个在婚姻中享受不到太多好处、承受了太多辛酸和痛苦的女人，何苦一定要让婚姻也成为女儿人生的"标配"呢？或许，她是把自己对婚姻的期待都寄托到女儿身上去了，不希望女儿重复自己的命运……结果呢？

我也不知道她将来能不能实现逆袭，怎么逆袭。人生还是很艰难的，你想要逆袭，也得需要有风口、有助力，至少身上负担不太重，没太多人拉你后腿。

我们在微信上聊了几句，我说："我真的不知道该怎么说，只觉得你太可惜了。"

如果把朋友比喻成一条河流的话，她面临的外界环境以及她自己的性格、认知、价值观，就像是一条河床，只等着她这条河往下流。水流到哪儿，几乎都是"框"死了的，没有太多的选择。

这命运哪，就像是水面的涟漪一样，一圈扣一圈。人生中的很多次选择，放在生命长河里显得并不太重要，但某几个关键点的选择，还是会影响一生。因为人生也是一场蝴蝶效应，一环扣一环，是无数个当时当下的选择共同决定了你的命运走向。

你说她不够独立吗？好像有点。那么多年来，她事业做得一般，骨子里还是期待着能靠嫁人改变命运。但是，有这样心思的女性，何止她一个呢？她从那样一个原生家庭里走出来，怎么可能不渴望一个有能力、有担当的伴侣和一个幸福的家庭？

你说她不能吃苦么？也不见得。工作中，她的业绩谈不上很出色，但也不至于拖团队的后腿。她是我所有朋友中最勤快的一个，做家务是一把能手。

我刚生下女儿不久，她帮着来照顾。女儿一拉屎，作为新手妈妈的我先是"啊啊啊"大叫，再寻思着到底要怎么处理，而她早已经手脚麻利地把女儿抱去洗手间里洗干净再包好纸尿裤放回我怀里。

她不是那种只等着男人给自己幸福生活的人，而是愿意跟男人一起"创造"幸福生活的女人。在知道丈夫既没房子也没店铺后，她略有些失望，但还是鼓励他"独立"，不要再"啃妹"，无奈她丈夫就是"烂泥扶不上墙"。再后来，她甚至想：如果丈夫能帮把

第1章 定位逻辑：活出主体性，用独立的思想自我负责

手带带孩子，她就可以出去工作。

当所有的愿望都落空时，她无奈地想到了离婚这一步，但我也知道，以她目前的状况，她暂时还离不起婚。

很悲哀是不是？离婚原来也是需要资本的。

有时候，我会想：如果十几二十岁那会儿她知道自己四十岁的人生是这样子，她会不会铆着劲儿刻苦学习，会不会在参加工作后不懈攀登事业高峰？我觉得她会的——如果她那时知道四十岁的自己会过这样的人生的话。

想想现实生活中有多少像她一样的女人，好不容易逃离水深火热的原生家庭，又进入了不幸婚姻这个巨坑？原生家庭和婚姻对她们形成双重围剿，她们没有出路，也没有退路。身处不幸原生家庭的她们，总期待通过嫁人改变自己的命运，弥补原生家庭给自己带来的心理缺失。

她们年轻时被笃信"婚姻可以改变命运"，老觉得结婚是自己的一大出路，心里总想依赖一个男人，总希望生命中出现一个盖世英雄踩着七彩祥云来救自己，于是，用大好时光去追逐这些。

待到有一天，她们意识到女性真的只有靠自己才能获得人生的主动权及真正的幸福，人生奋斗的黄金期往往已经过去了。

人到中年，她们有各种桎梏和拖累，光挣点面包钱、把孩子照顾好、一日三餐做好，就已经用尽了全力，再没有多余的时间、力气去打拼，只能感慨一句"少壮不努力，老大徒伤悲"。

电视剧《知否知否应是绿肥红瘦》中，明兰有这样一段台词：

"这天下没有谁是谁的靠山，凡事最好也不要太指望人，大家都有各自的难处。实在要指望，也不能太多、太深，指望越多，难免会有些失望，失望一多，就生怨怼，怨怼一生，仇恨就起，这日子就难过了。"

一个女人，在"靠自己"的这件事上觉悟得越早，越容易获得人生的主动权。恋爱是要谈的，结婚生子这条路也是可以走的，但是，人生的出路和退路是需要你亲自铺好的。

04
可以适当降低爱情在人生中的比重

（一）

我曾经收到过一个网友的倾诉。

她说她自己已经有一年多没睡过一次好觉。生了孩子以后，她辞掉原先的工作，在家专心照顾孩子，可她后来发现，丈夫常常晚归。

丈夫解释说是去应酬，但她心里还是十分怀疑。为此，她经常偷偷翻看丈夫的手机，聊天时也旁敲侧击。虽然一直没发现什么问题，可她就是不能放心。

女人的直觉告诉她，丈夫肯定有问题。

慢慢地，她除了睡眠不好外，脾气也变得越来越大，动不动就抱怨丈夫太自私、只顾自己，不会关心一下她。她非常想跟丈夫促膝长谈一次，但丈夫每次都选择逃避。软的、硬的、直接的、间接的，所有方法她都用过了，可丈夫就是不愿意跟她沟通。

后来，她实在承受不了憋在心里的怀疑，对她老公实施了长达一个月的跟踪，终于抓住了老公出轨的实锤。

抓到实锤那一刻，她甚至有点高兴，为自己终于找到了答案。对她而言，搞不清楚老公为何会对她越来越冷淡，比抓到老公出轨还令她感到难过和不安。

她想挽回老公，问我该怎么做。

我说，我没这方面的经验，而且婚姻是两个人的，光一方努力有什么用。你想挽回，也得人家愿意被挽回才行。

（二）

我收到的私信中，有大量的这类问题：对于那种有问题从不沟通、逃避、不回家或出轨不断的老公，除了离婚我还有什么办法没？我不想离婚……

我说，可以考虑跟你老公一起去接受心理或婚姻咨询。

她们往往会回复，如果他肯这样做，我就不必来找你了。

这种类型的求助，透露出了一种信息：两个人的婚姻出现了问题，但只有女方在挽回、在求助。男方既没有解决婚姻危机的能力，也没有积极解决的意愿。

于是，我忽然有点明白了那些宣讲"如何让男人回归家庭""如

第1章 定位逻辑：活出主体性，用独立的思想自我负责

何让老公再次爱上你""如何让他重回你怀抱"之类的婚恋技巧咨询特别火爆的原因。因为比起离婚，挽救婚姻看起来似乎更容易，哪怕只是其中一方去挽救。

比起跟男人决裂，女人去妥协、去感化、去迎合男人似乎显得容易许多。是的，只是"显得"。

她们不是不明白，感情光靠一个人努力是没有用的。婚姻幸福的关键，正在于那种迷人的互信感。真正的幸福，都是在互动中产生的，而不是靠单方面的掌控、维护或救赎。

很多身处婚姻危机中的女性，特别想去解决存在的问题，所以到处去咨询、求助，希望自己的挽救、努力能让婚姻起死回生。但是，她们同时又觉得很委屈：明明有时候自己也是这场婚姻危机的受害者，甚至是过错比较小的一方，却还要主动去寻求解决问题的办法。

这很容易让人心理不平衡，毕竟夫妻双方都有责任和义务去维护和经营这段婚姻，为什么就只自己一方在努力呢？

心理求助机构的研究结果也显示，女性对心理求助的态度更积极。

很多男性宁肯用服用药物、酗酒等极端方式去逃避问题、满足己欲，也不愿意暴露自己的内心，去向心理咨询师求助一次，从深层次解决自己的心理问题、婚姻问题。

（三）

这样的现象看多了，很多人不免想问：为什么婚恋关系出现问题的时候，往往是女人去求助，而男人往往表现得无动于衷？

从性别上来找原因，说男人普遍理性、女人普遍感性，男人情感内敛、女人情绪外放……这我是不同意的。

这是典型的性别刻板印象。

事实上，一个人到底是理性还是感性，是内敛还是外放，很多时候是被社会、制度、文化等因素造就的，而不是天生的。

人类制定了一系列社会规范维持社会的正常运转，并在此基础上规划出一系列刻板印象，于是，女人"被感性""被情绪外露"，男人"被理性""被情感内敛"。

哪天若是一个男人为情大哭、为情求助，他就被认为没出息；一个女人若是分手时表现得理智淡定，就被认为用情不深，缺乏女人味。

其实，男性和女性或许生理上有差别，但面对婚恋问题时，心理感受上的差别能大到哪儿去呢？大家都是人，能体会到的喜怒哀乐也是差不多的。

那么，在我们这个社会，为何婚恋关系出现问题的时候，往往是女性去求助呢？

这个问题要分两方面来分析：

第一，有些（不是全部）男性有心解决，但无力。

第1章　定位逻辑：活出主体性，用独立的思想自我负责

一直以来，我们对男孩子的教育都是鼓励他们去拼杀、去社会上竞争，在处理家庭关系这一块的教育却非常薄弱，几乎是放任他们"野蛮生长"。

很多事业有成的男性在处理与家庭成员关系时的"幼稚"或"不得体"，令人咋舌。

我就曾经见过一个事业有成的男人在处理婆媳关系时非常失败，他妈妈和他老婆对彼此有什么怨言，他"原封不动"地传达，导致婆媳水火不容，他只觉得"女人这种动物真是麻烦"。他甚至都懒得去思考，他在婆媳关系变恶劣的过程中究竟起到的是积极作用还是反作用。

相比之下，女性不大一样。社会更多把她们设定在家庭这个小圈子里，即使能出去拼杀，社会无形中也会赋予她们比男人更多的处理家庭关系的责任。

这大概也是很多男人不擅长，甚至根本处理不了家庭关系的原因之一。

家庭关系处理不好，很多男性也深受其害，但他们不愿意向外界求助，主要还是面子问题作祟。这种面子文化，是在男权社会的土壤上疯长起来的。

他们生怕自己一开口，就被人认为自己很婆婆妈妈，就被人认为连家里的事都摆不平，所以，他们宁肯逃避、拒绝沟通和求助，任由家庭关系恶化，也要维持自己的大男子形象。

由于社会期许效应和性别角色社会化的影响，当婚恋关系出现

问题时，很多男性为了表现出社会所赋予自己的坚强、勇敢等特征，不愿意向他人流露出自己像女性一样需要帮助，或者羞于让别人看到自己对专业性求助有同女性一样的积极态度。

第二，有些男性无力也无心解决婚姻危机。

夫妻之间出现问题，最好的方法是：夫妻双方都去咨询相关方面的专家，大胆袒露和剖析自己的内心，由旁观者为自己指点迷津。因为夫妻双方都有解决问题的意愿，又乐于直面问题、学习技巧，这样的婚姻往往能起死回生。

而向我咨询的这些婚姻中，似乎永远只有绝望的女性在求助，仿佛这桩婚姻只是女性一个人的。求助完了，女性依然绝望，因为丈夫们对平淡如水的婚姻敏感度很低，也不在乎妻子身处这样的关系中会有怎样的感受。他们热衷于驰骋职场，热衷于争名夺利，热衷于呼朋唤友，甚至热衷于培养后代，却鲜少把婚姻幸福也列为人生的追求目标。

说到底，这部分男性面对婚姻危机之所以不会像女性一样着急上火、急得跳脚，是因为他们普遍把感情看得比较轻。相比之下，女性却把感情看得过重，所以才会在婚恋关系出问题以后表现出更强的焦虑感。

这么看来，是不是女性更依赖感情？

不一定的。

不止一个社会学家指出，没了婚姻这层保护壳，活得更狼狈的，往往是男人。

男权社会把男性惯得只擅长在家庭外拼杀，回到家里远不如女性会照顾自己、孩子和家庭。

走进一个单亲爸爸的房间跟走进一个单亲妈妈的房间，（大概率上）给人的感受是很不一样的：单亲妈妈没了老公，不会在衣、食、住等方面亏待自己和孩子，仍会把家里打理得井井有条；单亲爸爸却有些不同，家里可能会脏得落不下去脚，日子过得乱七八糟。

美国纽约罗切斯特理工学院的研究者分析发现，男性丧偶后短时间内死亡率会比女性高出 30%。然而，女性丧偶后短时间内死亡率没有明显增加。

研究负责人哈维尔·埃斯皮诺萨教授认为，当妻子去世后，丈夫通常没有做好充分的心理准备，在今后的日常生活中也缺乏关爱照料，身体和情绪都失去了依托，导致他们更容易死亡。

也许你会问：明明婚姻对于男人来说也很重要，但他们为啥懒得去维护、去经营？

说到底还是因为对他们而言，"妻子"的可替代性太高。他们换人的成本比女性低太多，所以婚姻一旦出现问题，更着急的往往是女性。

如果把"配偶"比喻成一款产品，男人可选择的范围相对比较多，而女人可选择得太窄（在同一阶层中比较）。

很多家庭内部的不平等现象，都可以到社会上找原因。若女性在婚姻家庭之外的出路、退路窄，若她们只有将自己的人生捆绑到男性身上，才有可能获得尽可能多的社会资源，那么，当两个人的婚姻出现问题时，永远只是女性单方面为感情着急上火的状况就越难发生改变。

如果哪一天，我们这个社会有大量的男人愿意去学习经营婚姻的技能；愿意去体验女性孕产期的辛苦；愿意在婚姻出现问题时和妻子一起去求助专业人士，而不是追到老婆后把老婆当个即开即用的冰箱供起来，只顾自己逍遥，或许我们这个社会才真正进入更文明的阶段。

如果哪一天，我们这个社会的女性不把婚姻当成唯一的目的地和退路，能降低爱情和婚姻在自己生命中的比重，面对婚恋时能"拿得起放得下""赢得了，输得起""进可攻，退可守"，或许她们会过得更潇洒、更幸福。

也就是说，在基本实现性别平等的社会，如果男性能把感情看得重一点，女性能把感情看得轻一点，也许大家就更能组成吉祥如意的一对对，共同奔向幸福的明天了。

05
光明的前途，绝不属于"怨妇"

（一）

我收到的相当一部分求助邮件都出自怨妇之手，生活中也接触到一些怨妇。坦白地说，跟怨妇交流不是件愉快的事，因为我常常被她们心头愤怒的火焰灼伤，也被她们一味怪罪别人、从不反省自己的思维方式弄得头大。

这种思维方式，我把它统称为"怨妇思维"，不仅女人有，男人也有。

"小三跟我老公已经纠缠两年多了，每次她跟我老公不顺就来骂我。我想离婚，老公却不肯，我心里的苦水真不知道该往哪倒。跟所有被背叛的人一样，刚开始我甚至想过去死，一了百了，不用面对这些痛苦，好在最后都熬了过来。我真的没想到，我为他付出了整个青春，给他生了两个孩子，可他怎么还这么对我？老公不在家的日子，我整夜整夜地睡不着。我没有离婚的勇气，又不想过这样的日子，你说我该怎么办？"

"我婆婆特别喜欢多管闲事，老公又什么都听她的。在这个家里，我一点地位都没有，我很想离婚，可是我现在是家庭主妇，离了婚我住哪儿呢？也舍不得孩子，但是不离的话，这样的日子我真的无法忍受了。"

"我很难适应国企的工作氛围，收入又低，什么事都是领导一个人说了算，所有人都围着领导的需求转，天天做些不产出任何效益的工作。我也想和你一样辞职，但是没有勇气没有底气，怎么办？"

"在这家公司10年了，但是从去年起产生了强烈的职业倦怠。好几次想辞职，但是身无一技之长，很羡慕那些辞职游走四方的人。怎么人家就那么爽，而我自己却这么苦逼？"

很多人寻求帮助，只是单纯想倾诉，说完了也就没事儿了。最怕的是那种一直沉浸在痛苦和抱怨中的"祥林嫂"，没完没了地抱怨、控诉，却不做出任何实质性的改善和努力。

她们的共同点是："不停抱怨 + 不停羡慕 + 永不行动"。她们抱怨伴侣，抱怨家人，抱怨原生家庭，抱怨工作，抱怨周遭的一切，俨然自己所遭受的一切都是别人造成的。

她们盲目羡慕别人，觉得自己才是天底下那个活得最痛苦的人，俨然别人嫁到的丈夫、遇到的婆婆、正在做的事业都是令人艳羡、全无苦处的，却很少看到别人背后的付出。

她们从不愿意为改变现状而行动，终日牢骚满腹。她们每隔一段时间就会被这种"不如意"的情绪打倒，然后四处倾诉、控诉，仿佛抱怨一番后那些存在于她们生命中的问题就可以迎刃而解了。

我曾经有一个朋友，就是"怨妇思维"特别重的人。她今天跟你抱怨老公不听话，明天跟你抱怨婆婆不省心，后天跟你抱怨自己没有一份很给力的事业。她总是拿自己的不如意跟别人的如意比，然后更加觉得自己生活在水深火热之中。

起初，我还听着，也会劝慰她："我觉得我们已经过了四处抱怨和盲目羡慕别人的年纪了，人生真没必要把时间浪费在抱怨和攀比上。你羡慕别人的生活，是因为人家没有跟你讲，为了这些生活，她们付出了多少努力和代价。很多事情，只要你想做，你也可以达成。你没有去做，只能说明你目前选择的生活方式对你的诱惑更大，或者是'两害相权取其轻'的结果。想做什么，你就去做；不想去做，那就安然地接受眼前的状况。到了一定年纪之后，我们的自我消耗越少越好。"

到后来，当对方依然不停就同一话题用同样的口吻来找我抱怨，却不做任何改变时，我就懒得再搭理她了。

（二）

我一个同学的爸爸年轻时出过轨，她妈妈碍于经济利益、孩子等因素不敢离婚，但也因此一生无法释怀。

从她记事开始，她妈妈就一直在咒骂她爸爸，每天从早咒骂到晚，生活中但凡出现一丁点不顺利的事，她妈妈就一把鼻涕一把泪地抱怨："我们过成这样，都是你爸害的。"在她小的时候，她妈妈隔三岔五跑去捉奸，闹得尽人皆知。有段时间，她去上学，都有同学嘲笑她。

她妈妈把半生的精力拿来跟她的爸爸斗，找她爸爸闹，去他单位闹，去乡邻家里控诉她爸爸，闹腾得鸡飞狗跳，却宁死也不离婚。

她爸爸提了无数次离婚，但她妈妈每次都以死相逼。

十多年的时间里，她和弟弟在家里根本没人管，放学回到家里连热饭菜都吃不上，不得不经常跑去爷爷奶奶家蹭饭。

她慢慢长大，后来考上大学，脱离了原生家庭。

她曾经跟我说："我爸有他的不对，但你知道我最恨谁吗？我最恨我妈。我爸好歹会给我们姐弟俩钱，而我妈这半辈子，除了站在道德制高点控诉我爸，几乎什么都没做。她天天在我们面前控诉我爸不负责任，但在我看来，最不负责任的人是她。她对这个家庭不负责任，对我和弟弟不负责任，对她自己也不负责任。"

她妈妈的思维，是典型的封建思维：既然我嫁给了你，你就得对我负责一辈子。你起初对我好，后来对我不好了，就是你不负责任。

这种思维，在当今很多受过高等教育的女性身上也存在。只要生活中出现一个小窟窿，她们就会将那个小窟窿演变成一个巨大的能吞噬掉她更多时间、精力和能量的黑洞。

她们一生都在和这种不公平感缠斗，很难跳出自我的思想局限，很难尝试从另外一个角度去看世界、解释世界，最终只能在泥沼里越陷越深，失去了过新生活的能力。

其实，在我看来，不管是对伴侣、对父母、对孩子、对他人还是对工作，能让一个人变得有担当的，更多是发自内心的爱，而不仅仅是责任。只有心中有爱，你才能担起相应的责任。如若没有爱，仅仅靠所谓的责任来约束别人，是没什么用的，这还是一种令人反感的"道德绑架"。

我也根本不同意"一个人过得不好，是另外一个人害的"这种说法。

每个人，都是人格独立的、有自主意识的个体，每个人都可以重塑自己的性格、人生。谁谁谁变成那样子都是谁谁谁害的，这是典型的"要别人为自己负责"的心态。

别人可以影响你，但你可以选择接受或不接受这种影响。每个人的人生，都是自己塑造的作品。外界的影响因素，不过就是你用来塑造自己的材质罢了。有的人能用木材、塑料、泥土、废弃金属等材料做出各种或赏心悦目或实用的东西，有的人就是拿到金块也不行。

这就是差别。

（三）

"怨妇心态"，其实是一种非常符合人类本性的心态，它迎合了人性中的几大因素：自恋、懒惰、贪婪和恐惧。

遇上事儿了，我们就把责任都推给外界，把这口"锅"甩给别人，相当于完美地维护了自己：看吧？这事儿的责任不在我，我是值得同情的。

身处痛苦中但不愿意改变，实际上就是因为懒惰。已经走习惯了某一条简单的路，就不想再辛苦一点，去开辟一条新路了。

对他们而言，这条路既然走得通，那就天天走这条路嘛，省心又省力。开辟另外一条路更辛苦，所以就暂且抱怨着吧。比起行动，还是抱怨更轻松些。

贪婪和恐惧是一对孪生弟兄。是恐惧让我们贪婪，结果人越贪婪就越恐惧。"怨妇心态"重的人，本质上还是因为想要的太多而愿意付出的太少，是"思想上的巨人，行动上的矮子"。与其说他们是对现状不满意，不如说他们是对自己无法平衡欲望和能力而不满。

每个人或多或少都会有"怨妇心态"，因为它几乎是一种本能，所以那些有能耐战胜这种本能心态的人，才是强者。

就我自己来说，囿于出身、经历及所受的教育，要摆脱"怨妇思维"也是一件很不容易的事。年轻时候，我也做过怨妇，擅长对别人实施"道德绑架""情义绑架"，做不到真正的独立。

经历过一些事儿后，我迅速成长。我发现怨妇（受害者）思维不仅让自己活在痛苦中，同时也严重阻碍自己的内心成长和外在发展。

成年人的世界没有"容易"二字。所谓的成长，其实就是自我担当。每个人，都要学会改变或接受不如意的境况，承担起自己的选择和命运。

（四）

生活中有太多怨妇句式了，只不过有些话大家都说得太顺口了，很少有人认真思考背后藏着的受害者思维。

很多人喜欢说"为了TA，我做出了怎样的牺牲"，可这话说得并不恰当。这事你之所以会去做，是因为你潜意识里想去做，"为了TA"只是一个催化剂。事后我们讲起那些不值得的牺牲，扯上"为了TA"，好像能显自己高尚些、无辜些，值得同情些。

还有"我把青春给了你"，说得好像女人的青春可以兑换成钱而男人的青春不是时间似的；另有"我为你生了一个孩子"，可自己又不是生育机器，孩子也可以是为我们自己生的；更有"为了你，我怎样怎样，而你居然怎样怎样"，说得好像那些付出不是心甘情愿而是别人逼你做似的。

一个真正能对自我负责的人，不该一直沉浸在不幸和痛苦之中，而应该拿出改变境况的骨气、魄力和行动力来。

如果一个人对你不好，那让他变成过去，让这事儿变成"他曾经对你不好"不就完了么？如果一份工作、一个境况，你身处其中感到特别痛苦，那就想办法去改变，哪怕每天只能改变一点点，时间长了也可能会给你带来质的改变。

怕的是天天痛苦天天抱怨但又不行动，那我也只能说你是不是"受虐成瘾"或"嘴上说着苦，身体却很诚实"了。

当然，不是所有的问题都可以通过行动解决，不是所有的境况都能通过努力改变。如果暂时改变不了，那就学着接纳。

没有人的人生是完美的，就连皇帝、王子、公主也有这样那样的不如意。命运要戏谑、愚弄、摧残一个人，是从来不会看他的身份的。

有时候啊，我会觉得，是人们把婚恋、育儿、事业等等当成了一棵棵果树，还是那种你浇水、施肥、捉虫，它就会发芽、开花、结果的树。

一旦这棵树不结果，或者，树上结的果子不是你想要的，就沮丧得像个摔碎了罐子、洒了牛奶的孩子。

可是，如果我们只是把一段经历当成是一段旅程呢？你走过，路过，爱过，恨过，最后离开。有个人陪你走过一程，后来你们走散，你们各赶各路，奔赴远方，就像河水流过河床，奔入大海。

此时，再回首看来路，那些恩怨情仇，那些消耗和滋养，早显得微不足道。

可不可以换一种思维去考量人生中这些事呢？比如说把当别人

的伴侣、父母、孩子、朋友当成是一份工作,把所有两两关系当成是权利和义务的对等交换。别人可以炒你鱿鱼,你也可以。当你把自己当成是跟对方一样平等的个体,就不会再轻易拿"责任"二字去绑架别人,也不会轻易说出"我过成这样,都是你逼的"之类的话了。

人最可贵的品质,是有担当。连自己的选择和人生都承担不起的人,不配有伴侣,更不配有未来。

很多年前,我独自去新疆旅游,遇到过这样一个旅伴:对旅行中出现的任何不合心意的事情,她牢骚满腹,怨气冲天。

我跟她说:"是的。这里很热,很晒,缺水,厕所很脏,碗筷饭菜都不干净,还刮起了九级大风,让我们今天无法回到乌鲁木齐,但这里也有葡萄,有坎儿井,有达坂城的风车,有风吹过戈壁滩。这里哪儿哪儿都跟城里不一样,但,这些不一样,正是我们来这里旅行的意义。"

我真的很佩服这样一类人:他们的生活从来只由自己掌控,没有那么多的无可奈何和纠结,做事很少拖泥带水,他们只问自己心里最想的是什么,然后去实现,实现不了就拉倒,就这么简单。犹豫、瞻前顾后、患得患失这些耗人的情绪,他们很少有,所以,他们的心态永远平和,永远年轻,永远有生命力。

少点"怨妇思维",多点向他们学习吧!

06
有些捷径和跳板，实际上是深坑

（一）

有段时间一个词挺火的，这词叫：好嫁风。

什么是"好嫁风"呢？意思是：女性要运用冰淇淋色、毛球和蝴蝶结等来凸显温柔清纯的气质，并以此吸引男人的目光，争取能嫁到一个经济富足的好男人。说白了，就是你要甜美，看起来没有攻击性，给人感觉温柔清纯好相处。如果看起来不是太聪明、太有主见，那就更符合"好嫁风"的要求了。

还有一些女网红，经常给粉丝们介绍要如何通过打扮、展示自己，让高收入男性多看到自己，获得男性对自己的"投资"，顺势通过婚姻实现阶层的跃迁。

更有一些女博主,提出了一番关于"如何薅男人羊毛"的言论,大体意思是:有钱人的羊毛不好薅,因为他们都比较精,但是,中下层男性就不一样了。在他们每个人身上薅一把羊毛,你也能过得生活富足了。

这些话术、方法论,看起来都是在为姑娘们考虑,能激发她们的痛点,引发共鸣,制造一种"如果我这么做,我就能成为有钱人、成为人生赢家"的幻觉。

这些理论,翻译成大白话,便是:如何优雅地从男人兜里抢钱?

你可以一无所有,而男人必须给你买车买房,否则他就是不爱你?你可以不求上进、混吃等死,而男人就得挣钱养家养你,否则他就是窝囊废?你可以一无是处、啥也不会,而男人就得大包大揽,否则他就不够爷们儿?你可以衣来伸手、饭来张口,而男人就得鞍前马后为你服务,否则他就是渣男?

"靠好嫁风找到有钱好男人""吸引男人为你'投资'""薅男人羊毛"等操作,听起来很志得意满,但它的安全性、盈利性、永续性根本经不起考验。

这是一条收益有限却风险极大的路,无异于火中取栗。正常女性别高估自己火中取栗的技艺,而是应该离这类危险游戏远一点。真有这个本事,搞不好你拼事业也能拼成功了。

人生中的每一分"得到",都是要靠"付出"换回来的。别人投资养头猪,也是为了吃它的肉,更何况是给你钱?再者,这些技术层面的东西,对一段感情的走向根本起不了决定作用。决定感情走向的东西是什么？是双方的三观、能量、需求是否匹配。

这类"人生指南"，只负责给你造梦，却不告诉你梦醒后该何去何从；只负责给你画饼，却不会告诉你这些饼吃起来到底有多难以下咽。它给你描绘了一个能全方位满足你需求的男人，却不知道这类男人在现实生活中根本不存在。

我只能感慨：只要女性还存在婚恋焦虑，还想通过婚姻改变自己的命运，这种乱象就不会消失。

（二）

靠这些操作过上好生活的人，真的有吗？或许有。但我相信，费力折腾一圈但"竹篮打水一场空"的，占比更多。

她们是不是对有钱人有什么误解？就连高收入的经济适用男，也更愿意和家境、收入与自己相匹配的女性结婚，因为这样他可以少点供房、养家的压力，更何况是有钱人？

妄想靠几件衣服、几个妆容就嫁入豪门，带着目的性去钓一个有钱人，到头来还不知道是谁"玩"谁呢！

一个女性，靠培养"好嫁风"、卖萌撒娇、温顺迎合甚至死皮赖脸从男性那里获取到了一部分物质资源，就认为自己那一套方法是有效的、通行的，想要将其开发成"课程"广而告之。

殊不知，她暂时能得利，可能是因为刚好遇到了一个"愿意给"的人，而不是她的方法有效。又或者，她也深知自己傍大款的路行不通，才想要把那些想嫁有钱人的女性当成韭菜来收割，给她们画大饼，让她们心甘情愿地把学费交给她。实际上，她们自己得到的每一分钱，都是靠自己"辛苦（忽悠他人）"赚来的，而不是靠男人。

婚恋关系有某些方面也是一种人际关系，而人际关系绝大多数都是一种双方互相交换价值的关系。

交换的价值不一定可以量化、比较，但交换这个行为和预期一定存在。交换顺利，关系达成；交换受阻，关系随时可能中止。

举个简单的例子，如果你跟朋友出去玩的时候，从来不会主动掏钱，那么，久而久之，你可能就没有朋友了。同理，即使有的女人表面上看起来是靠男人得到了一些东西，实际上也是她们拿自己拥有的价值"交换"来的。

成天想着薅别人羊毛的人，即使暂时获了利，但有想过几十年以后自己要怎么过么？人生很长，我们还要靠人品混世道。

（三）

"笑贫不笑娼"的价值观，本就是不对的。这是一种典型的"结果导向论"：你成功了，你之前做的错事也值得模仿。你失败了，那你之前做的对的事也该被唾弃。

这类价值观只愿意尊重成功本身，而且对成功的评判标准单一到令人无语，那就是：变有钱。或许，有些捞女们过得还不错，但是，她们的故事之所以能被传播，是因为她们看起来"捞得"比较成功，还有很多人，啥也没捞到，但代价惨重。

有的女人因为薅男人的羊毛，被伤害；有的女人因为散尽钱财扮演"白富美"，结果只勾引到了一个"捞男"；还有的确实嫁做贵人妇，但最终被净身出户。

人生到最后，还是得拼智商、拼勤奋、拼格局。

做捞女这条路也不轻松。我们看到的，只是站在"金字塔"尖的人，还有更多想走这条路的人，最后"竹篮打水一场空"。

即使像亦舒笔下的姜喜宝一样，得到了很多很多的钱，但最后失去了爱别人的能力，可能临终前也要感慨一句：原来这些东西是生不带来、死不带走的啊。捞女是对男人、对情感绝望的一群人，因此，她们眼里只有欲望，只有利益，并觉得追逐这些就是人生的全部意义。

恋爱也好，结婚也罢，不能成为一方占有、掠夺另一方财产的手段，想靠婚姻暴富的观念应该要改改了。

我知道，现实中一些女性小时候身处一个不幸的原生家庭，总期待通过男人改变自己的命运，希望能从别人身上得到自己想要的利益，于是，用大好时光去追逐这些。待得有一天，当她们意识到，女性真的只有靠自己才能获得人生的主动权及真正的幸福时，奋斗的黄金期往往已经过去了。

倒不如好好学习、好好工作，提高自己的层次，让自己的银行卡余额持续上涨。你自己变成了梧桐树，才有凤凰愿意来栖息。

与其觊觎别人的价值，不如让自己变得有价值。

07
女人也该"人狠话不多"

（一）

上大学的时候，我交过一个男友。他很穷，我也很穷，我们都是要靠国家助学贷款才能完成学业的穷学生。

大三下学期，我靠勤工俭学和省吃俭用，好不容易省出了几百块钱，就想达成坐火车去西安穷玩的心愿。但是，就在我准备去买火车票的当口，男友告诉我，他连吃饭的钱都没有了。

听到这话，我第一反应是生气。西安是我慕名已久的城市，我提前做了不少攻略，也憧憬了很久；我不明白他为啥要在我兴冲冲准备去西安前，告诉我这个。而且他说这样的话，让我感到一种莫大的精神压力：他都没钱吃饭了，而我居然要把钱花在出去玩上。

我果断取消了去西安的行程，把钱借给他去充值饭卡，但我每次看到与西安有关的消息就气到要冒烟。钱是我主动出借给他的，但我又忍不住生气的念头。我一生气就骂他，一想起西安来就骂他一顿……那段时间，也不知道他遭受了我多少语言暴力，以至于我现在回想起这些往事，都觉得自己面目可憎。我要么不帮人家，要帮就心甘情愿地帮，我一边付出一边抱怨，到底是图个什么？

后来，我们到广东工作，同样的故事又上演。那时，我的薪资是按时发放的，一个月大概只有1850元。我把工资分成四份，一份还助学贷款，一份借给被拖欠了半年薪资的男友，一份资助我弟弟上学，一份自己用，每个月都是"月光"。

看到别人参加工作后就可以随便买买买、穿穿穿，而我得把一分钱掰成两份用，我就心理失衡。那年冬天，我给男友买了一件外套后，兜里就一分不剩。我的暴脾气又发作了，又开启了唠叨模式，不仅抱怨他的单位，还抱怨他。再后来，他把我借给他的钱都翻倍还我了，但我骂过他的话应该也都刻到了他心里，这段恋情也因为这样那样的原因结束了。

现在想来，那时的我就是"我妈的翻版"。二十出头的年纪，在亲密关系中的自我觉察能力不行，也没怎么遭受过生活的毒打，我就不自觉地复制了我妈对待家人的方式，而且从来不觉得这有什么问题。

我是在充满指责、抱怨、控诉的家庭氛围中长大的，这种语言暴力大多来自我妈。她在家里承担了比较多的义务，为全家人的衣食起居操碎了心，事事以家人为先，无时无刻不想"燃烧自己，照亮家人"，但只要家人敢忤逆她或是不大领她的情，她就牢骚满腹、怨气冲天，让人精神压力倍增。

举个简单的例子：我妈经常抱怨我们不做家务，可只要有人一开始做家务，她就觉得你这里做得不妥、那里做得不对，甚至把活儿都抢过去，以证明她的那种方式才是"最正确"的。这样一来，她很容易因为"管太多""太唠叨"而招来家人的反感。结果呢？她把家里的活儿都包揽了，义务也都承担了，可最后却落不着好。

比我妈幸运的是，在那段恋情结束后，我开始自我纠偏，慢慢改掉了自己的一些毛病，成为一个更有成长力的人。但我看到还有一些女性活成了"曾经的我"：她们特别能奉献，特别能吃苦，但也特别能抱怨。苦也吃了，汗也流了，奉献也做了，但因为心里一有不爽就对他人实施语言暴力，最后的结果就是"吃力不讨好"。

为什么呢？嘴太碎，话太多。

你一抱怨，你为别人做的事就被淡化、淡忘。别人只记得你的指责、抱怨了，记不得你是在自己也很困难的情况下，从牙缝里省出有限的资源来帮 TA。

我也是在三十岁后，才学会慢慢克制住自己这张嘴，变得不爱唠叨。因为我明白了一件事：心碎的女人，有很大一部分是"死"于嘴碎。亲眼看到一些家庭因为女人的唠叨而变得氛围奇差，看到一些原本可以幸福的亲子关系毁于唠叨后，我决定做一个不唠叨的人。

唠叨只是一种发泄情绪、破坏氛围的行为，根本解决不了问题。不唠叨的人，更容易积蓄能量去做有意义的事情。成年人的时间、精力、体力、资源都有限，每说一句话、做一件事都得讲求"投入产出比"。像唠叨这种只会产生杀伤力不会产出"好果子"的事情，还是少做一点吧。

（二）

我有一个女性朋友，总是在抱怨丈夫不带孩子，可观察了她和丈夫的相处模式后我发现：她丈夫并没有不带孩子，只是没有按照她认为"对"的方式去带孩子。丈夫做得不"对"，她就开始指责、试图纠正，甚至直接让丈夫"待一边儿去"，可这种行为本质上是在扼杀丈夫的育儿主观能动性。

久而久之，丈夫会认为：我是在"帮"妻子带孩子，妻子才是带孩子的主体，而我只是一个执行她命令的机器。可是，当合伙人和当员工的积极性是完全不一样的。如果女人把丈夫培养成了一个员工，而不是育儿合伙人，丈夫的消极怠工几乎成为必然。

总体来说，相比沉默的丈夫们，我感觉妻子们似乎特别热衷于指导丈夫按照自己认为对的方式去带娃、做饭、打扫房间、赡养老人、跟外人打交道，也特别容易唠叨、抱怨、控诉，热衷于抢占道德和舆论高地。

我曾经问过一个男人："你为什么能忍耐你妻子的唠叨？"

他回答:"只要我老婆能在家乖乖地做家务、带孩子,稳定好我的大后方,让我腾出手来去赚钱,任她唠叨一下又怎么了?反正,她别用带孩子、做家务这种琐事占用我宝贵的赚钱和休息时间就行。"

他的回答,让我感到心惊,也让我感慨这类男人可真精明。"带孩子、做家务"之所以被他定性为"琐事",主要还是因为做这些事是无偿的。倘若是他是靠"帮领导带孩子、做家务"挣取薪资,他就会觉得这是"正经事儿"了。

但是,他的回答也给我提供了看待问题的另外一个视角:为什么他能不在乎老婆的唠叨?就是因为他牢牢地把现实利益都抓在了手里。在这门婚姻里,他才是占尽了主动权的一方,进退自如。

这类男人,在家庭中很少参与家务、育儿或是在做家务、带娃时偷奸耍滑,但他们在职场中却非常勤勉。他们似乎天然很懂得维护自己的利益:"只有奖状,没有奖品"的活儿,尽力让老婆去做;有奖品的活儿,自己亲自去做。

我老家有句俗语,说的是"轻喊重使",意思是:嘴巴甜一点,通过让渡优越感、给别人戴高帽的方式,役使别人为自己做事情。这句话翻译成现在的流行语,就是"扮猪吃老虎"。一些女人将其奉为圭臬,还有人将其列为"御夫术"之首。可是,仔细想想,有些男人也深谙这一套呢。

一些妻子更注重情绪价值,很在乎"我对你错",甚至经常做出"只要理解,不要利益"的选择。为了得到一种"被理解""我对的感觉，她们宁肯放弃现实利益，好像有了这点理解和肯定，她们所有的苦就不会白吃了，甚至还能咽下更多的苦、吃更多的亏。

最典型的例子是"贤妻"这个称号。做一个男人的"贤妻"，很多时候得利的并不是她自己，她只是得到了"贤妻"这一称号而已啊。

再举个例子：我们时不时会看到一些在情感关系中被男性辜负、伤害的女性上网写小作文控诉男方，每一个故事的情节、细节可能不尽相同，但字里行间的意思都是一样的：我是好人，你是坏人；我做得对，你做错了；是你对不起我，不是我对不起你。

只有痛失了现实利益的人，才会求助舆论和道德，靠公开指责、抱怨负心汉或是"请大家评评理"的方式来获取心理平衡感，这也是她们对负心汉最后的制衡、对自己最后的救济。倒是负心郎，并不太在乎别人怎么说，也不在乎"好人牌坊"，只是自始至终把"好处"都紧紧捏在手里。

我也鄙视负心汉，但或许，我们女性也应该要反省一下：为什么要那么执着地做一个"好女人"而不是一个"强女人"？为什么我们那么看重"奖状"（男权社会给的社会评价），而轻视"奖品"（我们能得到的实际利益）？

一个很现实的问题是：强者会去争取实实在在的利益，弱者则去争取虚幻的心理利益——确切说，是夸奖。奖品都被强者拿走了，作为一种平衡手段，他们把奖状留给弱者，嘴上像涂了蜜似的："我就知道，你最好了。"而女人们似乎更容易陷入这样的陷阱，轻而易举地放弃现实利益。

比如，从小在家庭中被赞"懂事""乖""好"但家里有点实际的好处就得让给弟弟的姑娘，长大后好似特别容易被"好女人"这个名声绑架。这种"好"，大多也是符合男伴利益的"好"，比如，贤惠、温顺、肯为男人和孩子做出巨大的奉献和牺牲，而不是符合她自身利益的"好"。

为什么我们在讲女性独立时，一定要讲"主体性"？就是因为这种主体性，是比谋生能力更重要的东西。何为主体？那就是——你就是自己生活里的绝对主角，你就是评价自我的唯一标尺。只有拥有或夺回这种自我定价权，你在家庭中、社会上才会有议价能力。

（三）

我以前也特别迷信语言的力量，总试图靠语言的威力彰显自己的存在甚至去控制别人，但最终我发现：想要掌控自我的人生，活得洒脱和肆意一些，靠的是"人狠话不多"。

这里的"狠"，不是心狠、狠毒，而是舍得对自己狠，目标感、执行力和意志力超强，用行动去表达态度。

武侠小说里，打不过别人的人最喜欢辩理；家庭中，利益受损最严重的人最喜欢控诉、抱怨。而那些话不多的"狠角色"，通常不怎么爱唠叨，因为他们知道：语言在"绝对的实力"面前是最苍白无力的武器，不堪一击。与其让无谓的口舌之争、碎嘴唠叨虚耗掉自己宝贵的时间和精力，不如默默用行动积攒自己的实力，因为那才是赢得话语权的基础。

同样，家庭内部也存在利益博弈。所谓的文明、公道、感情，也都是在这个基石上建立起来的。脱离了这些去谈语言的力量，那就是无根之木、无源之水。

当你弱小的时候，你只能求助道德、舆论、语言的力量；但是，当你足够强大的时候，面对不可理喻之人，你可能根本就懒得废话。

胡兰成的最后一任妻子佘爱珍就是一个"人狠话不多"的典型。这位曾被称为"上海滩女毒蛇"的女人，早早体会过人生险恶，一直活得精明世故。她一生三嫁，但不管嫁给谁，都能游刃有余地跟男人们周旋并保全自己。她把自己的人生过得惊艳刺激、有惊无险，但从未对爱情和婚姻抱有过高的期望，胡兰成于她而言也不过只是个晚年旅伴而已。

台湾资深新闻工作者黄天才在日本见过晚年的胡兰成，他受不了胡兰成的絮絮叨叨，倒是对"全程不怎么说话"但"说一句是一句"的佘爱珍很有好感，他说"对情势的分析，佘爱珍显然比胡兰成高明"。

我一直觉得，女性在家庭、婚姻中也得学着点佘爱珍，也得有点职场思维。什么是职场思维？说白了，你要学会看形势，学会分析利弊，学会投资和止损，学会控制自己的情绪。

很多人认为自己身处婚姻关系中，就不是在上班了，就可以心安理得地躺平享福了，就可以放任自己的脾气性情了。可是，我们是因为自己的行动得到别人尊重的,而不是靠关系赋予的身份。在职场中如此,在家庭中也是如此。

真正有实力的人,拳头都长在脑子里,而不是长在嘴上。因此,我们要少唠叨,少纠缠。吃力不讨好的事情,少做。要少在乎别人对你的评价,在合法、合理、合德的前提下多争取点实际利益。

女人啊,还是得做一个"人狠话不多"的人,少点感情用事,多看利弊。道德、舆论、语言统统只是锦上添花之物,别本末倒置了。要瞄准主要矛盾,别让细枝末节的事情虚耗掉你的精力。

做个"人狠话不多"的猎手,别做猎物。

08
女性成长路上最重要的一关就是破除情执

（一）

我一个闺蜜，今年三十八岁了。

从二十二岁到三十岁，整整八年的时间，她只谈了一场恋爱。她和男友两个人在大学里就认识，毕业后异地恋，后来努力争取到同一个城市工作、生活。

三十岁时，她谋划结婚，想给这段恋情一个结果，但男方兴趣不大。听她说出"要么结婚，要么分手"的话后，男方也怕失去她，答应结婚。毕竟，八年的时光里，两个人都已经习惯了彼此，不是亲人但胜似亲人。

可是，这段恋情却在她筹备婚礼的过程中，戛然而止。

第1章 定位逻辑：活出主体性，用独立的思想自我负责

某天，她出差提早回来，还买了一份结婚用的喜糖盒样板，想给未婚夫一个惊喜，就没有提前跟他打招呼，可是，当她打开家门的一瞬间，却看到未婚夫和别的女人在一起。她说了句"打扰了"，就提着行李离开了家，来了我家里。

整整两天，她一直哭，粒米未进。男方找到我家楼下，我问她要不要去谈谈，她说没什么好谈的，让我把他轰走，我也就没告诉男方我家的房间号。

那一个月，闺蜜瘦了十斤，活得行尸走肉一般。

那毕竟是八年的感情啊，人生能有几个八年？！

其实，闺蜜各方面的条件远在第三者之上。第三者是一个初中没毕业就去混夜场的，认识闺蜜未婚夫的时候，她是酒吧里的托儿。而闺蜜长得端庄、为人处世大方、学历高、工作能力强，对待未婚夫也挺舍得付出……如果说她有什么致命短板的话，那就是：对未婚夫而言，她"不再新鲜"。

闺蜜用了好长的时间才慢慢走出来。两三年后，她才又恢复了我刚认识她时乐观的性格。而她那个未婚夫，在两人分手后一年就结婚了，结婚对象当然不是原先那个"酒吧妹"，而是闺蜜的"低配版"……这个男人在选择性伴侣时可以很随便，但在选择结婚对象时却是很现实的。

那时候，我已经有了孩子。闺蜜很喜欢孩子，但她不想当未婚妈妈，还是希望自己能组建一个正常的家庭。

可惜她生活圈子窄，身边认识的、靠谱点的男性几乎都已经进

入婚姻，她只能去相亲，有时候是自己主动，有时候是被父母逼着去。可是，那时候她已经三十三岁了，在相亲市场上要找到合适的对象并不容易。

有一次，她参加了一个门槛费不低的单身男女派对，去到现场，她就要哭了：派对上，女多男少。女的一个比一个年轻漂亮，形象好气质佳；而男的，只要稍微出色一点，就有很多人抢。

那段时间，她每次出去相亲，回来就想大哭一场。找我吐槽时，她的情绪非常低落。她不明白为啥自己每次遇到的男生都是"奇形怪状"的，连一个让她觉得"可以将就一下"的都没有。

她说，只要不去相亲，她的心情就不会变差。她还说，男人们大概是理解不了这种"差心情"，他们只要经济能力不那么差且各方面正常，相亲时就不大容易像我们一样陷入绝望。女性择偶时太内卷了。

三十六岁后，她彻底躺平，不找对象了。而我后来也听说了她前男友的消息：孩子生了两个了，跟妻子感情看起来还不错。而且，也因为见识过前女友对不忠的绝不容忍，他不敢再造次，现在俨然成了一个好丈夫、好奶爸。

（二）

前段时间，我和闺蜜坐一起聊天，想到我们走过的路，满心悲凉。闺蜜没有做错什么，她只是渴望一份正常的婚姻、想在合适的年龄生一个孩子，可是，却那么难。

那一次，我们也聊起了我们共同认识的几个女性朋友的故事。

A朋友，年轻不懂事时嫁了个离异男，嫁过去才知道男方"本事没有但啃老能力一流"。公婆一死，她就成了那个挑大梁的人，一手养家，一手育儿，丈夫只是个摆设。本来，她想着丈夫要是能把家务做好、孩子带好，她也就忍了，可自从被公司裁员后，丈夫对新工作要么嫌累、要么嫌收入低，天天窝在家里打游戏。目前，她正闹着要离婚。

B朋友，因为前夫太过"妈宝"，凡事站自己妈那边，让她受尽窝囊气，她愤而离婚。离婚头几年，她也想过要重组家庭，可遇到的男的，一个比一个"质量差"，好不容易遇上个不错的，相处半年后才发现人家是"伪装单身"——老婆、孩子都被他扔在老家呢。她提出分手，男方死缠烂打，还把刚出炉的离婚协议发给她看。她看了离婚协议，发现男方把孩子扔给前妻，财产上却几乎让前妻净身出户。他还大言不惭地说是想把财产都留给新老婆。

B朋友笑了，直接把这男的拉黑，现在她一个人带着孩子在重庆生活。她前夫呢，早就再婚生子。可笑和可气的是，因为有了前一段婚姻的教训，前夫和前婆婆对新媳妇客气得不得了。

C朋友，当年结婚时也挺甜蜜。一直到小孩两岁前，她的感情和婚姻都是我们几个中最幸福的，她婆婆也算得上是"绝世好婆婆"，疼她像疼亲生女儿一样。那时候，我们从来没有想过她会离婚，更没想到离婚原因是男方嫖娼。

发现丈夫嫖娼后,她试图原谅,丈夫也改邪归正了一段时间,可经过这事儿后,两个人的心理地位不再平等,后来丈夫又出轨了。这一回,她没有再忍。两人离婚后,她和婆婆住在一起合伙育儿。她前夫一开始还来看看儿子和老妈,后来傍上一个大款的女儿以后,就不常来了,像是怕她和孩子会影响他的"新幸福"似的。

C朋友离婚后也尝试过相亲,但她看得上的人,隐隐嫌弃她带个孩子。看得上她的人,用她的话说,都很"一言难尽"。后来,她干脆不找了。她说自己工作能力一般,光挣钱养活自己和孩子,就已经耗尽了所有的力气。

D朋友是我们几个当中过得比较好的。三十五岁前,她的情感经历也颇为曲折,三十五岁才遇到真命天子。她丈夫也经历过几段恋情,以前一直忙着拼事业,想结婚时刚好就遇上了她。两人认识了三个月就闪婚,现在孩子都好大了。丈夫很舍得为她花钱,也舍得投入时间陪她和孩子,还很尊重她的一切选择……她是我们中间少有的婚姻幸福的。

闺蜜说:"看了我们几个的故事,我真的不知道婚姻幸福的密码到底在哪里。你看你不也挺难的吗?几段恋情都没结果,前段婚姻也是'为他人作嫁衣裳'。你那时候,请柬都发出去了的婚礼还被男方长辈取消、大着肚子满大街去找夜不归宿的前夫、躺在产床上要剖腹了却找不到他签字、哺乳期刚过就发现他早已出轨……可是,你信不信,你前夫现在若是再婚,他再也不会像当年对你一样对待他的新妻子了?我们当中,就数你智商最高,学识最渊博,活得也最通透，也最有钱，可是，连你都没能得到婚姻的幸福。其实，我很想问问你，你有心理创伤吗？现在好了吗？"

听完她讲这些，我已经泪眼模糊了，反问她："你呢？你有创伤吗？你的伤口好了吗？"

我们俩先是笑，接着眼眶湿了，然后，不约而同地扯纸巾递给对方。

闺蜜边擦眼泪边笑着说："唉，好端端的，怎么说到这儿了。"

我说："我们都有心理创伤的啊，但我们都有在努力地治啊。我们有彼此的友谊，而且我还有文字。我有的读者总是不理解为啥我要写前一段婚姻，可是，对我来说，充分暴露也是治愈的开始。通过文字回顾、反思、梳理、表达，我真的觉得已经比刚开始的时候好很多了。也因为我的表达，我有些读者的伤口被看见、被抚慰。我觉得这是一个治愈自己和他人的过程。创伤谁都有，但若是治不好，就随它去吧，没人规定创伤一定要治好不是吗？"

这段感悟来自我那段时间正在学的心理学书籍，我看过这样一段话："心理创伤复原仅能在患者拥有人际关系的情况下进行，不可能在隔绝中进行。在与他人重建联结的过程中，创伤患者须重塑由创伤经历损坏或扭曲的心理机能，包括基本的信任感、自由意志、主动性、能力、自我认同和亲密感。这些机能原本即是在人际关系中形成，也必须在这样的关系里重建。"

也就是说，我们的自我修复，只能让我们重新站起来，但真正的心理创伤的复原，还是需要在另一段亲密关系中进行疗愈。但要和他人建立良好的亲密关系，对我们女性来说，并不是那么容易，也许这也是一个社会问题。

不管是我和闺蜜也好，A、B、C、D朋友也罢，我们都不同程度有过被欺骗、被背叛、被漠视等心理创伤，而我们的前任说不定也有相应的、我们所不了解的心灵黑洞和心理创伤，但他们可能会在新关系中得到治愈。在这方面，他们的运气天然会比我们好一些。

我跟闺蜜说："我有时候也会有点怨恨前夫，毕竟我曾经也有一个想跟一个人走到白头的美梦，但它破碎了。怪他？怪我？都怪不了。这个梦破碎之后，我的择偶选择面大大变窄。当然了，主要是我对婚恋关系已经不似年轻时那般执着，我更多想追求自我价值的实现。情感方面，我和你面临的困境是一样的。我甚至觉得，这不是你我的困境，而是我们这个时代的女性共同的困境，只不过有人比我们要幸运一些。"

谁不是带着伤口奔跑呢？如果伤口不致命，我们可能最终都要学会和伤口共存。

闺蜜说："现在我也想通了，可能这就是命。命里只有九斗米，走遍天下不满升。老天爷也许根本就没想给我好姻缘。它不愿意给的，我也不想伸手要了。它愿意给的，我就接着。"

顺便交代一下，闺蜜早几年和我一样辞职创业，这几年我们的发展还是挺不错的，虽然都很辛苦，但至少，三分耕耘，能有一分收获。

我只是觉得，不要试图跟命运讲道理，它根本没空搭理你，关键是你讲了也没用。命运不给你的，别强求。命运给你的，稳稳接着。一个地方缺失的，会在另一个地方溢出来。人生的幸福不是只有一种，而一个人不可能全方位地幸运，想明白了也就释然了。

（三）

我曾经在网上写过我的"择偶雷区"。

我说，以下几类男人，我是不会去选择的：

第一，有"黄赌毒"等不良嗜好的。

第二，不尊重女性，认为女性生来就是要当贤妻良母的。

第三，夜店咖，夜不归宿的。

第四，"妈宝"或"爸宝"，从心理上就没断奶、自己的事情自己说了不算的。

第五，酷爱打游戏、打麻将的（我真的受不了一个男人长期流连游戏桌、麻将桌）。

第六，对哥们儿无比仗义，对家人比较凉薄的。

第七，不会也从不做家务的。

第八，"烟枪"与"酒鬼"。

这只是我的"择偶雷区"，还并不是"择偶标准"，结果一群男网友说我"要求太高了，绝大多数男人都做不到"。

我就有点奇怪：把上述条件中的性别对调下，可能有 80% 的女性不在雷区范围内，怎么性别一互换，就"很少有男的能达到这些要求了"呢？

时不时地，娱乐圈会曝出一些丑闻，这些丑闻的主角多是男性，他们的伴侣也因为他们的言行而受伤。每看到这些，我都在感慨：娱乐圈女性也好，我们普通女性也罢，面临的困境是一样的。

一方面，女性在两性关系中是渴望独立、成长、自由、幸福的，并且，也愿意去努力达到这样的目标。另一方面，一些男性的思想意识、行为习惯似乎还停留在封建社会。

为什么现在很多女性选择不婚不育？我认为这根本就不是女性想不想婚育的问题，而是"好男人供不应求"导致女性宁肯离婚、单身也不想和劣质男性合作的问题……提高女性的婚育意愿的前提是改善这种供求关系，让优质男人和优质女人的"出产率"维持在一个相对均衡的水平，降低女性的吃亏概率，而不是继续巩固"渣男率高于渣女率"的局面和状况。

社会就是一个大游泳池，我们怎么游也游不出它的边。也正是因为游泳池就那么大，几千年来的游戏规则已经形成，很多女性只能选择"掀桌子不参与""不玩了"，因为她们确实也很难拥有另建游泳池、制定另一套更公平的游戏规则的资源和力量。

（四）

我们这代女性，年轻的时候受到"爱情至上论"的影响，很容易把爱情视为人生的全部，用力爱，用力恨，用力伤。男人待自己不够好，某份自己很看重的感情求而不得，就觉得天塌了。

第1章　定位逻辑：活出主体性，用独立的思想自我负责

那会儿的我们，不懂得如何去经营感情，只会用本能、蛮力去爱，往往爱得遍体鳞伤。

就拿我自己来说，当年也曾有过一段现在看来很觉幼稚而可笑的时光。失个恋哭半年的事儿我干过，被甩了跑去求挽回或找"替补队员"的蠢事儿我也干过。明明只是想赢，只是不甘心，却偏要说"那就是爱"。

一次我在深圳开读者见面会，因为跟在深圳的闺蜜好久没见了，就跑去她家里住。

闺蜜拿我当年的事儿取笑我，说我当时失恋后曾去过她家，进了门却一句话不说，只是跑去书房哭，一哭就哭一个晚上。我听了乐不可支，因为我只记得我去过闺蜜家，但她说的这些细节我完全不记得了。随后，我们聊起年轻时的那些荒唐事儿，再谈起曾经让我痛哭的那个人的现状，云淡风轻。

情关对每一个男女来说，都可能是一个必过的关。我们都是在这样的过关斩将中，慢慢长大、变老的。年轻时候，把爱情故事演绎得惊天动地，只不过是满足了自己的一把戏瘾。最终每个人都归于平淡、平静、平和，就像溪流，归入了大海。

我的另一个闺蜜，年轻时也是"恋爱大过天"，她甘愿追随那个"只会空谈，不会做事"的男人"创业"，跟他结婚、生子，拿出自己微薄的工资甚至找娘家人借钱支持他"创业"，任劳任怨做了他三年的贤内助。可后来，她被家暴、被提离婚，被那个男人和公婆赶出家门，也被迫与亲儿子分离。

她揣着 80 块钱出去找工作，吃了不知道多少苦，硬是创出一份家业。现在，她已经开了三家公司，基本实现了财务自由。前两年她再婚，生了个女儿，丈夫和婆家待她很好。

也是这位闺蜜说："一个女孩子想要过得幸福的话，第一是情绪稳定，第二就是不把情爱看得太重。能把这两样做好的话，哪怕你最后没有幸福的婚姻，人生也有百分之七八十的概率会过得不错。"

想来在女性攀爬人生山峰的路上，也有一个滑滑梯，一些女性想着爬山太辛苦，而玩滑滑梯很爽，就跑去玩滑滑梯，从此一滑到底。当她意识到滑滑梯的尽头不是盛满清水的游泳池而是一片沼泽地，想要再回到起点时，可能需要再攀爬上两年、五年、十年。

觉醒并不是一件容易的事，需要悟性和契机。觉醒之后的路更是充满荆棘，你必须拿出改变自我、再创明天的执行力，拿出虽死无悔的魄力、毅力，才能义无反顾地走上这条独立之路、自我成长之路。

但我相信，只要你舍得对自己发狠，世界也会为你让路的。

09
男人四十一枝花，女人四十豆腐渣？

（一）

曾经有这样一种说法："男人四十一枝花，女人四十豆腐渣。"

豆腐渣，就是制作豆腐时，滤掉浆汁剩下的渣滓。豆腐做完，豆渣就再榨取不出剩余价值，只能扔了或者拿去喂猪了。

不得不说，中华语言文字真是精深博大，用"豆腐渣"这个词来形容社会上一些人对四十来岁女性的看法，再形象、贴切不过。

这不，有人总结了一下"男人四十一枝花，女人四十豆腐渣"的成因：

"一旦从爱情走入婚姻，男人们往往觉得完成了一项任务，'鲜花'到手了，'牛粪'踏实了，从此很少再花精力于感情上，而是把更多的时间和精力投入在工作事业和其他方面上。男人越活越自我，越有个性，经过努力，他们的钱包越来越鼓了，社会地位越来越高了，也更成熟更吸引女人了。婚后，男人增值了！女人呢？柴米油盐酱醋茶，围着老公孩子团团转，女人把原本投入事业的精力转而投入家庭；男人是越活越自我，女人则是越活越为别人活；男人是物质上精神上都富有，女人则是财色两空。女人婚前是公主，婚后是黄脸婆，贬值了！"

"一枝花"和"豆腐渣"的比喻，形象地说明一个问题：有些男人娶妻子就是为了找一个贤内助，一个拿自己的时间、精力去成全和滋养他们的人，一个生育工具，一个家庭的终极保姆，唯独不是一个人。

在他们眼里，女人最有价值的就是二三十岁的时候。在最值钱的岁月里，你就是要用来结婚生子、辅佐男人、建设家庭的。过了这个年纪，等男人功成名就了，你也就没有太大作用了。毕竟，你已经不再年轻漂亮了，甚至可能会被扔掉。

当然，也不是所有的女人用完就会被扔，也有一部分人被当成"神"供养了起来。她不再被当成一个女人，而是被绑架到了"贤妻良母"这个身份上。

（二）

还有一些人会觉得，一个年纪超过四十岁的女人若是和一个比自己小近二十岁、经济条件也和自己差不多的小伙子结婚，就是占了人家便宜。

可笑的是，这些人对男性没有这样的要求。

一个五十几岁的男性若是娶了一个二十来岁的女性，上述这些人的心态是："他好厉害啊！他好有艳福啊！他是成功人士！"

可事实上，真是如此吗？

我觉得这只是有些男人的"过度自信"。

有多少男人，年到四十依然是"一枝花"？可能百分之五都不到。百分之九十五的男人，到这个年纪依然是平庸之辈、碌碌无为之辈，甚至是蝇营狗苟之辈。

随着年岁增长，大家都在老，都开始熬不起夜，都开始力不从心，都开始过上一地鸡毛、鸡飞狗跳的生活。

观察下周围，男人四十岁有几个是过成"一枝花"的?

过了四十，男人也会发际线后移，开始秃顶，开始长出啤酒肚，身体健康也会出现问题。更不用说那些随地吐痰、尿尿，边走路边拉裤链，光着膀子在大排档抽烟喝酒吹牛，眯着眼睛看着眼前走过的年轻漂亮的姑娘并对她们品头论足的男人。这……也是一枝花？

在当今这个社会，财富、权力等资源大部分还是集中在男性手里，于是，一部分有点财富和权力的男性，就开始在家充大爷了，哪怕他只是因为享受到这个社会的红利而比女性的经济地位高了那么一点点，也能堂而皇之地在家庭内部搞性别歧视了。

当一个男人、一个家庭需要一个围着他们转的贤妻良母，那么那些敢于追求自我价值实现的女性就很可能会受到嘲笑和苛责。

（三）

四十岁，不管对男性还是女性而言，都只是一个生理年龄。

到了四十岁，女性也不得不面对身体内各种营养素不断流失的现实，内分泌失调了，卵巢开始衰老了，身材开始臃肿了。

男性也是一样的，生命功能的四大指标全线下降：以肾为主的五脏功能紊乱，维系男性性功能的"性腺轴"失衡，雄性荷尔蒙分泌下降，各种免疫营养缺失严重，致使身体一些功能减弱。

男人和女人都会走向衰老，体现在精神、性能力、体力、体态、免疫力等各个方面。

"耳里频闻故人死，眼前唯觉少年多"，这就是中年人的写照。

"上有老，下有小""按下葫芦浮起瓢"，这就是中年人的生活。

男人有男人的中年危机，女人也有女人的中年困惑。

男人年到四十，孩子逐渐长大，婚姻看起来很稳定，也积累了一定的财富、地位，看起来的确还像"一枝花"，但很多时候是家里那个"豆腐渣"帮你操持了大后方。

女人四十，也未必会活成豆腐渣。

不信你去看看，"女人四十一枝花"的现象也大量存在。

四十岁以上的女人是活成"一枝花"还是"豆腐渣"，很大程度上取决于自己是否放弃了自我提升，也取决于她的家庭。

第1章 定位逻辑：活出主体性，用独立的思想自我负责

　　我身边，那些夫妻恩爱、经济上不窘迫的中年夫妻，两个人都活得像花一样。

　　只有那些不被珍视、不被疼惜、一直被压榨的中年女性，她们的丈夫到了四十岁果真活成了"一枝花"，而她自己，则被辛苦的生活所侵蚀，慢慢枯萎，黯然失色。

　　如果你是女性，如果你的伴侣用"男人四十一枝花"来标榜自己，用"女人四十豆腐渣"来调侃你，希望你能多一份清醒。

　　变老有什么关系？女人每个年龄段有每个年龄段的价值和美好，咱不需要用男性话语体系对女性的审美标准来定义自己的价值。

　　你要永远把自己当回事，因为你不把自己当回事，别人就很容易不在乎你的感受。

　　你要独立，不仅仅是经济上，还包括心理上。

　　你可以依靠男人，但也要有底气让他靠边站。

　　不管到了什么年纪，都要自尊、自强、自爱、自信，相信更好的自己配得上更好的生活，才不枉走过这一生。

—— 第2章

认知逻辑：
活出进取性，
用全新的观念摆脱桎梏

01
不让"空心人"拖垮自己的人生

（一）

我特别怕这样一种人：共情力特别差，很难设身处地理解和体谅别人，似乎永远活在自己的世界中，很难与他人产生情感上的链接。

我把这种人，称为"石头人"。

很多年前，经熟人介绍，我认识了一个男性朋友，可后来我慢慢跟他疏远了，因为我发现跟他互动实在是太无趣了。

无趣到哪种程度呢？如果你在他面前摔倒了，他可能连个惊讶的表情都不会有。

他能看见你摔跤，但是，这种"看见"，仅仅是生物学上动用视觉功能的"看到了"。你能感觉得到,他只看到了"你摔跤了"这个事件,却看不见"你"的存在。你的伤痛、你的惊呼、你的尴尬完全进不了他的法眼,他甚至连一句惊讶、安慰的话都不会说。

在很多人际互动上,他都给人以这种感觉。

有意思的是,他是个技术宅,能把技术工作做得特别好。操作和处理电脑软硬件的时候,他能把自己完全沉浸进去,简直是一个为工作而生的"人形机器人"。

前段时间,他妻子终于跟他离婚了。我一点都不惊讶,因为在我看来,他就是一个"石头人"。

这类人身上也有很多优点。比如,对工作认真负责,在工作岗位是一颗兢兢业业的螺丝钉。比如,无不良嗜好,不抽烟、不喝酒、不好色,更不会违法乱纪。

但是,在情感上,他们像是一个"石头人",体察不到别人的情绪,看不到别人的需求。他们身上关于情感的这个开关,像是失灵了。你自始至终只觉得他们就是一个机器人,从不出错,但是,没有温度。

在很多家庭中,这类人不少。TA只是占了一个家人的位置,却不是真正的家人。在家里,他们的作用跟桌子、凳子、碗筷、水龙头没啥区别:有用,但是,没有温度,不是活物。

TA似乎惧怕亲密关系,无法真正"看见"你,也拒绝被你"看见"。跟这种人在一起生活,你就像是掉进了沼泽地。他们身上散发的那种"死能量",能把你拖进深渊。

所有的"石头人"可能都有这样的心理:在这段关系中,我获取到我想要的利益就行了，你的感受怎样，我不关心。

可人和人之间的情感是需要流通的，从某种意义上来说，所谓的爱，其实就是回应。"石头人"对家人的不回应或是敷衍回应，很容易让家人产生强烈的愤怒和一种"我自己是不是很讨厌"的感觉。"石头人"敷衍回应家人的言行、情绪，家人只能把这种愤怒和羞耻感投注到自己身上，进而产生自我攻击。

可谁能把这种自我攻击延续一辈子呢？忍受不了了，就只能离开。

（二）

也有一些人，平常表现很正常，一旦遭遇人际关系压力，就变身为"蜗牛人"。

感受到人际关系压力后，他们就像蜗牛一样，躲进自己的壳儿里，拒绝出来。这种时候，他们再无法"看到"与"听见"别人，无法关照到别人的情绪和诉求，只是把自己与外界隔绝开来。在感受到外面的"风雨"过了之后，再像个没事人一般，从壳儿里钻出来，假装一切都没发生过。

他们特别擅长拿逃避换取暂时的和平。他们每次跟家人闹别扭之后就想：过会儿就没事了。可他们不知道，这种"过会儿就没事了"的处理方式长年累月积累下来，会出大事的。抽不出十分钟跟家人好好谈谈的人，迟早要抽出一天的时间来吵架或分离。

如果让一个"蜗牛人"做你的伴侣，你也会很抓狂：是好是歹，拜托你说句话啊，没有沟通如何解决问题？

大家都是成年人，都背负着各自的人生和压力。在感情出现问题的时候，有什么不能通过好好沟通解决呢？即使没感情了，也可以好聚好散啊。非得靠冷暴力？非得等着别人用劲儿撬开你的嘴，打开你心扉？

面对"蜗牛人"的逃避和冷暴力，你要承受的精神折磨和摧残甚至比肉体伤害更可怕。

表面看，你毫发无损，但内心早已千疮百孔。长期遭受"蜗牛人"冷暴力的人，大多会产生委屈感、被控制感，感情变得脆弱易激动，心理上常处于孤独状态。当积累到一定程度，这些不良情绪还可能外化成身体和精神疾病。

一个网友曾经跟我倾诉过她和"蜗牛丈夫"相处的故事。

结婚以来，每次一遇到点问题，丈夫就拒绝跟她沟通，开启持续的冷战。基本上，每回都是她主动找丈夫沟通交流，说出自己的想法，而丈夫基本上都是听，没什么回应。她说她丈夫现在都不跟她沟通了，三天两头冷战。她也渐渐心灰意冷了。

举个例子：孕期的时候，一直是婆婆在照顾她，但婆婆做的菜其实一点都不合她的口味。到生产前两天，她自己的妈妈来了，她就跟妈妈说想吃点辣菜。吃完自己妈妈做的饭菜，她就午睡去了，根本没想到婆婆会把她这个举动理解为"嫌弃她的厨艺"。婆婆一气之下，不打招呼就收拾行李回老家了，而她并不知情。

第2章 认知逻辑：活出进取性，用全新的观念摆脱桎梏

正当她睡得香的时候，只听到门"砰"的一声被推开了，她丈夫满脸怒气，大声说："我妈回去了！"

她当时都不知道发生了什么事情，只是本能地问了一句："为什么啊？"她丈夫只丢给她一句："问你自己。"之后，就一直冷着脸，不再跟她说话了。侧面了解情况后她跟丈夫说了事情的经过，丈夫也没回应，只是一直跟她冷战。

孩子出生后的几年，夫妻俩又经常因为双方父母谁来帮着带孩子的问题产生争论。她坚持要让自己的父母带，因为孩子更喜欢外公外婆，不喜欢说话不中听的爷爷奶奶。她丈夫则认为，孩子按规矩就应该由爷爷奶奶带。就这样，夫妻俩一旦达不成共识，她丈夫就不断开启一轮接一轮的冷战。

不论她怎么说、说什么，丈夫都不怎么回应。很多时候，她真的要崩溃了，不知道两个人之间到底要怎么走下去。她忍无可忍，跟丈夫提出离婚，可就是到了这种节骨眼上，丈夫也就回复她一句："随便你。"

我光听她倾诉，都觉得这种关系让人窒息。

她丈夫的这种冷暴力，就是一种惩罚机制：你不听我的，我就不跟你说话。

要我说，这类人本质上还是控制欲太强，无法接受别人和自己的想法、做法不一致。说到底，这是一种严重的自恋，而冷暴力则是自恋被打破之后他们保护自我的方式。

长期面对这样一个"蜗牛人"，女人轻则变得唠叨、歇斯底里，

重则破罐破摔，不想再好好过日子了。

（三）

还有一种共情力极差、沟通起来特别费劲的人，我们称之为"机械人"。

比如说，两人出现了问题、产生了冲突，他们第一反应就是退让。

"都听你的吧"和"这事儿我们暂时别聊了"，是他们的沟通撒手锏。他们在说出"都听你的"这话时，并不打算听你的。他们只是不想让明面上的冲突到来，进而出台了这样一个"缓兵之计"。之后，他们会用行动表达自己的立场和意见。

"这事儿我们暂时别聊了"或是顾左右而言他，则是搁置争议的方式。他们以为，这个问题，两个人不再聊，它可能就会慢慢消失。结果呢？问题永远摆在那里。

比如，我经常看到有的夫妻因为买不买房的问题发生冲突，妻子想买，丈夫不让买，最后丈夫就提出来这事儿"暂时别聊了"。可这种搁置争议的方法，最终让谁得益了呢？当然是主张不买房的丈夫。因为这事儿不聊，就自然不会有结果，没结果就不会有行动。

"机械人"有时候还特别擅长机械型沟通。

何为机械型沟通？

类似于某些销售人员的电话。

有时候，我也会接到一些销售人员的电话，他们销售的东西我一开始还蛮感兴趣的。但听到对方开始背诵那套销售话术，而且还是毫无感情地背诵，我就再无兴趣。

比如，我说，"我在开会呢，您长话短说"。

对方答应着，接着又开始背诵那套千篇一律、硬邦邦、文绉绉的销售话术……

我说："您用一分钟时间把这款产品的特点介绍完可以吗？"

对方说："我想跟您说得明白一点。"结果说完这句"人话"后，又开始背诵……

我当时就在想：做一名合格的销售，最该做的不是自己先熟悉一下产品么？脱离了稿子就没法沟通了，这怎么行？真正有效的沟通是说"人话"，而不是把自己手里的稿子背完了事啊。

在家庭生活中，只擅长机械型沟通的人也挺多。每次出现冲突，他们就像机器人一样，把之前的话术全部背诵一遍：

"好的，我明白了。"

"啊，对不起，我不应该这样子，我错了，请你原谅我，我一定……"

之后，该咋样还是咋样。

为何他们会习惯于把这套话术搬出来？说到底还是因为懒，缺乏诚意。他们背诵这些话术，不过就是想快速平息你的怒气，进而让自己的耳朵得到安宁。

因此，你看到不会沟通的本质没有？他们不是不会沟通，而是很大程度上只看得到自己的诉求和利益。

采取上述几种看起来不会沟通的方式，能最大限度让他们获益。至于别人的诉求和感受，很多时候不在他们的考量范围之内。

（四）

"石头人""蜗牛人"和"机械人"的共同点，就是缺乏共情力，没有仁爱之心、悲悯之心，我们可以将其统称为"空心人"。跟这些"空心人"相处，你时常会产生一种沟通上的阻滞感。

每句话说出去，你都会有种"我又管闲事了"的挫败感。久而久之，你也懒得再说。沟通这事儿，就像是打乒乓球，讲究的是你来我往。若是你一个球打出去，球就消失了，这游戏就玩不下去。慢慢地，你和那个人之间，就形成一座荒山，而且这座山将越来越高，高到你们彼此再也无法互相看见。

任何关系都是要双方去维护的，尤其是最最亲密的伴侣关系。如果一方总是体察不到他人的情绪，总是逃避沟通，总是冷暴力还意识不到，那我们只能说，TA们的心理能量太弱小，也不够珍惜这段关系。

说严重点，这本质上就是自私、自大。

因为自私，所以只考虑自己的感受，用逃避来解燃眉之急，然后把烂摊子扔给对方去收拾。因为自大，所以觉得我就这样了，你若受不了，那你就调整自己来适应我。又或者，TA们只是单纯的懒：懒得再去维系跟伴侣之间的关系，任由感情危机发生。

如果不幸遇上这类人怎么办？你可能需要告诉自己：每个人都要先解决自己的问题。对方共情能力和沟通能力匮乏，那是他们自己的问题。他们大多只看得到自身的利益，大概率上是很难"看见"你、"听懂"你的诉求。

你需要做的，是在感觉到自己不受欢迎之后，立即撤退，不再抱有任何"我能改造 TA"的幻想。别人对你没温度，那是别人的问题；但是，若你不远离那些对自己没温度且每次沟通都让你感觉到沮丧甚至崩溃的人，那就是你的问题。

我们可以耐心地等着伴侣长大、成熟，引导伴侣去积极面对和解决两个人面临的共同问题，但若一次次被辜负、被冷落，我们也有权利拒绝被这样对待，把远离糟糕情绪的主动权握在自己手里。

02
不必把做事的时间，花去跟父母论理

（一）

"羊羊姐，我今年研究生毕业了，想留在一线城市工作，但我父母让我回老家，说是我回老家的话，他们能对我有个照应，而且我也可以照顾到他们。我主要是想咨询您，要怎么说服父母，或者至少不要让他们恨我啊？谢谢您。"

"姐姐，我想和大学交往的男朋友结婚，但我男朋友是外地人，我爸妈对外地人有偏见，希望我能和男朋友分手，回老家跟他们给我安排的相亲对象结婚。我从小都很听父母的话，可这个事情让我觉得很犯难，因为我很爱我的男朋友，而且我不想那么早结婚生子。现在，我该怎么说服父母呢？"

第2章 认知逻辑：活出进取性，用全新的观念摆脱桎梏

"我想离婚，这段婚姻让我感到窒息。离婚后，我也有能力养活我自己和孩子，可是我爸妈总觉得离婚是一件很丢人的事情。如果我离婚了，会让他们在乡亲们面前抬不起头来。我爸妈反对我离婚，那我应该怎么办呢？我担心做了这种选择后，我父母就不搭理我了。"

上述这种私信，我每周都会收到很多。

面对类似的求助，我一般会告诉咨询者一句话：遵从自己的想法去做选择，无须理会旁人的看法，哪怕旁人是你的父母。

这三个案例中，比较有意思的"点"在于：在本该可以由自己决定的事情上，当事人还想着要去说服父母或者"至少不要让他们恨我"。而她们的父母不管在智识上、阅历上还是其他方面，早就赶不上她们了，可她们还是会下意识地在遇到抉择时，去父母那里寻求共识。

这说明，在潜意识里，在本该自己做主的事情上，TA 们认为自己"应该"听从父母的意见，"应该"与父母达成一致。可是，我们为什么要去追求这种"应该"呢？最"应该"的事情，不是"成年人的事情，应该由成年人自己说了算"吗？

如果我们真心"想做"且"有能力"做一个选择并能为这个选择兜底，是不需要征询他人意见的。

就像我，不管我读什么大学、做什么工作、跟谁结婚、生不生孩子、跟谁离婚，都可以"自己说了算"。在做了决定之后，我再知会父母一声，以示尊重，就 OK 了。这样一来，我的时间、精力

可以更多地用在"解决问题"上，而不是用在"说服父母"上。

父母那辈人当中，有很大一部分不管干啥都有"赶任务"心态。他们好像自始至终没有形成"我的生活我可以做主"的理念，一直活在群体价值评判体系里。

比如，对他们来说，"过年吃方便面"是冒天下之大不韪的选项，因为别人家都是大鱼大肉、菜肴丰盛。又比如，到了年龄就得结婚生子也是他们认定的"正确的事"。别人都是这样做的，你不做，那你就是错的。

不管去到哪儿，哪怕是出游，他们也都着急着赶往下一个目的地，仿佛自己生来就是为了赶路。只有在赶路的过程中，他们的焦虑才能得到暂时的缓解。你想要让他们驻足欣赏下风景，是一件很难的事情。

我觉得他们当中有很多人并没有参透生命的本质，他们的一生只是在不停完成任务、赶事儿、打卡。

"我是谁""我为什么活着""我应该往哪里去"这种问题，他们似乎从未思考过。他们只是看别人怎么活，然后再去模仿。一旦偏航，他们就害怕，就恐惧，就不知所措。

控制欲强一点的，就把这种害怕、恐惧、不知所措投射到儿女身上，拉着儿女返回他们认定的"正轨"。可是，人生道路千万条，只要不伤害到别人、危害到社会，哪里有什么"正轨"？

（二）

因时代局限、年龄差异，我们会和父母在价值观方面存在一些差异，甚至隔了一条鸿沟。这种鸿沟，很多时候甚至没法用沟通的形式去解决，我们只能"搁置争议，求同存异"。

如果我们做任何一个决定都要去说服他们，极有可能陷入"公说公有理，婆说婆有理"的口水战，对解决问题毫无帮助。真要论理，他们会把你拖下"论理"的泥潭，用他们的思维绕晕你、打败你，让你啥决定都不敢做、什么事都做不成。

有鉴于此，我觉得，"试图说服固执的、越界的父母"有时候反而是干事立业最大的拦路虎。

有句话说的是："只有偏执狂，才能成功。"我觉得它包含的有这样一个道理：如果你认定一件事情值得做、应该做，那就直接去做。人的时间、精力极其有限，你要把它用在刀刃上。

我们若是自信比父母知识水平高、格局大，那就别花时间去说服他们认同我们想去做的事，直接开干就对了，毕竟，你的说服，很有可能只是在浪费时间。

中国人经常喜欢讲道理，但其实，"道"和"理"是不一样的。人这一生，我们每个人活的，都是一场"道"，不是"理"。

原因有二：

第一，"理"是时常会发生变动的。

"公说公有理，婆说婆有理"就意味着，每个人的"理"都不一样。每个阶段的"理"也是不一样的，古代的"理"和现代的"理"也不一样。

第二，"理"是停留在思想层面的，而"道"是走出来的。

论理，有时候很浪费时间和心力。脚踏实地去踩出一条路来，才是活在"道"中的体现。是非对错，有时候真没那么重要。

我们探寻一下历史上那些遭遇冤情的人物，会发现这样一种现象：只要肉体没有被消灭，那些挺不过来的，大多太看重自己认定的"理"。当他发现自己的"理"和社会的"理"不一样，就会陷入愤懑感、灵魂撕裂感，最终没能扛过去。

挺得过来的，则主要看重"道"。他们不跟别人争辩对错，无须别人认同自己的"理"，只是坚定地朝着自己认定的"道"走下去。那么，你走过的"道"，就是你的"理"。

（三）

特别要指出的一点是，我觉得反抗父母这事儿跟辞职一样，本质上也是双方能量、利益的博弈，而不是光靠喊几句口号能解决得了的。

如果你靠父母养活，或者需要父母提供的资源才能过得好，而你又贪恋父母的这种支持，那你确实很难摆脱父母对你的控制。就像辞职一样，你所供职的单位再渣、老板再奇葩，但你就是要靠这份工作生活或充面子，那你还能有啥反抗的资本？

像我这种情况：我爸妈是农民，一辈子穷得叮当响。我从十七岁开始就没用过家里一分钱，拿了奖学金还能反哺家里，加之我的自主意识从小就特别强，拒绝父母一些不合理的做法，就会容易些。

想摆脱父母不合理的控制，唯一的办法就是变强大，用事实来说服他们。

这才是摆脱不当的强势控制的核心要诀。

还是那句话：走你自己的路并且坚定地把它走好，随便他们说去！

人都可能会被生活绑架，但是，唯有那些敢于"反套路"的灵魂，才不容易被生活绑架，甚至还可以去驾驭生活。

03
女人没有带领男人成长的责任

（一）

一个朋友婚后跟她丈夫分居两地，后来，她丈夫出轨了。

东窗事发，丈夫表现得比她还要紧张和崩溃。他告诉她，因为她长期不在他身边，他太寂寞了，才会有身体上的背叛，但他的心，从来都是属于她，也属于这个家的。

他一哭，她就心软了，加之身边的亲朋好友都在劝她"男人嘛，骨子里都是长不大的孩子，你多包容点，现在他应该得到教训了"，她就原谅了丈夫。

然而，他还是没管住自己，不过就是换了对象，而且，把出轨这事儿做得更加隐蔽了。

第2章 认知逻辑：活出进取性，用全新的观念摆脱桎梏

另一个朋友的表姐，在跟男友恋爱的阶段就遭受过男友的殴打，但是，每次男友下跪求原谅，她就不再计较了。

表姐后来未婚先孕，她妈妈在得知她怀孕之后，竟劝她向男友逼婚，理由是："你不嫁给他还能嫁给谁啊？虽然他有时候会打你，但男人么，结婚了，当爸爸以后，就会自动变成熟的。"

表姐的妈妈为何会产生这样的认知？因为她爸爸就是当了爸爸后才变"靠谱"的人。

可是，她妈妈的归因方式根本就是错的。她爸爸之所以突然变"靠谱"，不是因为结婚生子了，而是因为她爸下岗了，没钱了，需要靠她妈妈养了。一向自私自利、不靠谱的人之所以突然变"靠谱"，是因为他发现眼前的情势容不得他不"靠谱"。

对表姐妈妈而言，男人不挣钱养家没关系，只要能守在老婆孩子身边，就算是变"靠谱"了，可这是不是表姐想要的"靠谱"呢？

表姐不忍心打掉孩子，再加上爸爸"痛改前非"的案例在先，就接受了妈妈的建议，逼着男友跟自己结了婚。

婚后的生活可想而知！孕期，她差点被丈夫打到流产；女儿出生后，她也时常挨丈夫的耳光。女儿两三岁后，懂得心疼妈妈了，想站出来护着妈妈，也会被爸爸打。

表姐终于明白，"婚姻和孩子是男人的催熟剂"是一句鬼话。

（二）

一直以来，我都反感这样一句话："男人嘛，骨子里都是长不大的孩子。你要有耐心，等他长大。"这种话一般用在什么场合呢？是男人做错了事，需要女人去原谅和包容的时候。

做错事的时候，他是个大人；该为错事承担责任的时候，他就说自己"还是个宝宝"了。

让我特别反感的，还有这句话："男人是需要调教的。"好多年前听到这话时，我也没认真琢磨过意思。后来一想：这不对啊！即使是个碗，若还只是个半成品，是不可以流通到市场上去的，是要被销毁的，或者回炉再造。同理，男人也一样。

反观负责任的男人，大多会很自觉。比如，"结婚生子以后，主动把精力花家里"这一点，负责任的男人无须你提点。有时候你提点了，他去做了，也是他真想这么做。女人别太高估自己，以为这一切是因为自己"调教男人有功"。方法论固然重要，但方法有效的原因很多时候是"孺子可教"。

不自觉的男人，靠外力督促才把精力花家里，但这不是永续的。"男人需要调教"这种观点，更多是把男人视为一个无自我意识、只能任由女人调教和改造的"被支配物种"，好像女人让男人顾家一点，男人就都会照听照做似的。

在我看来，这也是对男人这个群体的集体不尊重。请问有几个顾家男人会愿意承认自己之所以顾家，是因为老婆调教有方？

成年人的定义是：能自我负责。

人和人之间相处，最忌讳人格不平等。"调教"是一个居高临下的词，调教者都把自个儿当什么了，又把别人当什么了呢？

（三）

电影《志明救春娇》里，春娇一直担心自己将来会找到一个像她爸爸一样"永远长不大"的男人，犹豫着要不要跟像个大孩子的志明分手。

春娇的爸爸找她长聊了一次，他跟春娇说："当年和你妈发生了问题，我没有去面对，选择了离开。这件事对你来说影响很大，我知道就因为这样，你很怕遇到一个像你爸这样的男人。其实你爸是一个遇到问题只知道逃避的人，所以这么多年，（我）有很多女人，但没有一个能长久。春娇啊，出了问题一定要解决。选不选志明不重要，重要的是活得开心、健康。不要等到像爸爸这个年龄，才知道不要逃避。"这一席话，听得我也很唏嘘。

"男人骨子里都是长不大的孩子"，"女人内心深处都有个小公主"这类话所指的意思是：每个人都可以有点无伤大雅的幼稚和孩子气，可以在伴侣面前暴露自己的脆弱、无助和孤独。它所指代的意思不是自私、鸡贼、懒惰、不负责任。

很多女人喜欢把"男人都是孩子，需要时间和机会去成熟"的话挂在嘴边，不过是不愿意承认自己找到的只是一碗"夹生饭"罢了。

04
女人不作，男人不爱？

（一）

某女同学年轻时候也是个文艺青年，打小喜欢看爱情剧，少女时代她最希望自己生命中能迎来一场轰轰烈烈、惊天动地的爱情。

上了大学，这场恋情终于来了。可是，咱们身处和平时代，也不缺衣少食，自己的生活中也很难出现癌症、车祸等能高度刺激人精神的情节，哪有那么多的跌宕起伏、轰轰烈烈呢？

没关系，那就去制造"跌宕起伏"。

怎么制造？简而言之，就是使劲儿"作"，毕竟，她信奉的爱情哲学是"女人不作，男人不爱"。

这位女同学当时"作"到了什么程度？她隔三岔五就跟男友闹

别扭,两个人第一天吵架、第二天和好,"玩"得不亦乐乎。

有一次,她不小心把男友送给她的水杯弄丢了,急得团团转。她觉得,那是他对自己爱情的见证,这种东西绝不能丢。为了找回杯子,她几乎翻找了所有她去过的地方,闹得整栋宿舍楼的人都知道"她丢了一个对她而言特别重要的杯子"。踏破铁鞋也没找到,她就在宿舍里痛哭。

她男友赶紧来哄她,跟她说"那只是一个杯子而已,丢了就丢了",可她还是痛哭不停。没办法,她男友只好给她重新买了一个,但因为图案、款式和之前丢掉的那个不一样,她还是不肯罢休。她男友跑了半个城也没找到之前送她的那种款式的杯子,非常气恼。

跟这样"作"的女朋友相处久了,男方也累。两人大学毕业后,男方回了老家,并单方面向她提出了分手。

男方听从父母的安排出去相亲,并很快订了婚。她听闻这个消息后,精神崩溃了,几次三番想自杀,而且是动真格儿那种。

第一次割腕,被她家人、同事抢救了回来。之后,又陆陆续续有过几次跳河等行为,都被身边人及时发现,救了回来。

男方听说了她的举动,或许是因为感动,或许是因为害怕,又或许是因为还没有放下她,还是退了婚,回到了她身边。两人热烈地拥抱在一起,并且很快结婚,她答应丈夫:以后不会再动不动就寻死。

婚后,她辞掉了收入很高又稳定的工作,去了男方所在的城市生活,很快生下了孩子。可是,婚姻生活中那些鸡毛蒜皮应对起来可不容易。她依旧"作天作地",而男方也对她失去了耐心,公婆也不待见她。

她的日子,过得并不幸福。

(二)

我有个远房表妹,有一段时间特别迷恋村上春树的小说,对《挪威的森林》中绿子的爱情观无比推崇。

绿子说过的一句话,像一支箭一样深扎在她的心里:"我追求的是一种单纯的真情,一种完美的真情。比方说,现在我跟你说我想吃草莓蛋糕,你就丢下一切,跑去为我买!然后喘着气回来对我说:阿绿!你看!草莓蛋糕!放到我面前。但是我会说,哼!我现在不想吃啦!然后就把蛋糕从窗子丢出去。我要的爱情是这样的。"

只有少女敢追求这样的爱情,而她那时候对自己的定位就是"青春美少女"。表妹当时长得漂亮、追求者甚多,可最终却选择了班里最平平无奇的男生,就是因为那个男生能给她全部的爱、关注和时间。

在那段感情里,表妹就是"作天作地"的女孩。她一直在试探男友的底线,不断地折磨他,在他对她的妥协中获得满足感。

两个人解决矛盾的模式基本都是这样:发生矛盾,吵架,女方生气、哭泣,男方心软上赶着去哄,哄完,男方妥协,问题解决。

第2章 认知逻辑：活出进取性，用全新的观念摆脱桎梏

下一次，两人又产生矛盾，解决方法还是这样。

这种情节，每隔三两天就会上演一次。表妹对这样的游戏乐此不疲，"作天作地"的本事登峰造极。小事情引不起男方的注意，她就"作"出个大事情出来。

后来，两人结了婚，表妹很快怀孕。男方感受到了肩上的经济压力，开始在职场发力，想多赚一点房贷钱、奶粉钱，但表妹仗着自己怀着孕，觉得男方更应该善待自己，对丈夫提供的情绪价值更是需索无度。

丈夫一开始也竭力哄着她，可后来有点哄不动了，对表妹的"一哭二闹三上吊"也产生了免疫力。表妹见丈夫不为所动，就用跳楼去恐吓和威胁他，结果她不小心踩空，摔断了腿，孩子也流产了。

这件事情过后，两个人就离婚了。男方很快再婚，而表妹单身到了现在。

生活中，确实会有一些女人像前述的那位文艺女同学和表妹一样，在结婚之后，依然幻想着能延续婚前跟男人的相处方式，可这是不可能的。

男人在追求你的时候，大多是能照顾你情绪的。你"一哭二闹三上吊"，他就感觉到要对你的情绪负责任，就会很想来哄你，为你的情绪兜底。是啊，不拿出这种精神，他怎么可能把你追到手？

但是，结婚后（或者相处久了以后），这种相处模式是不可持续的。爱情荷尔蒙会减退，没有人能哄着另一个人过一辈子（连你爸妈都不能），男女双方最终还是要靠本性去跟对方相处。

这种时候，你再想通过自虐的方式试图引起对方的注意，那多半会失败。他不仅不会屁颠颠地跑来哄你，还有可能一听到你哭闹，就心生厌烦。

（三）

年少时，我们大都不懂爱情，更不懂什么是心智成熟、什么是责任和担当。初涉爱河，可能每个人或多或少都"作"过。毕竟，"小作怡情"嘛。

想当年，我也是个"大作精"。那时候，我时间多、精力充沛，加之我不自觉地沿袭和复制了我妈跟我爸的相处模式，再遇上一个没能力承接我性格缺陷的男朋友，曾把日子过得鸡飞狗跳。

人家含糊其词跟我提出"分开一段时间"，但行动上还是表现出很关心我的样子，我的"作"病就彻底爆发了。我山长水远跑去他所在的城市，就是想要一个交代：要分就彻底分，要合就好好过，到底什么是"分开一段时间"？

没要到明确答复后，我负气扭头就走。

当时，天色已经很晚了，他怕我一个人回城会出事，就提出要开车送我。我想着"既然你都提分手了，那我的安全就再与你无关"，只兀自闷着头往前走。接着，就出现了"我在前面暴走，他开着车以极低速在后面追"的奇观。

我心里想：哼，不是提分手了吗？不是不在乎我了吗？我的安

第2章 认知逻辑：活出进取性，用全新的观念摆脱桎梏

危干卿何事？

可是，心中竟莫名其妙升起一种报复和胜利的快感。

现在想来，我觉得自己不仅是个"作精"，更是个"戏精"。有多少痛不欲生、辗转难眠、以泪洗面、非你不可、没你不行，全是演给对方看的，目的只是引起对方的注意。

能这么"作天作地"，仅仅是因为年轻时候我时间不值钱、精力不值钱、眼泪不值钱。感情？也不大值钱。我只是需要一个道具，帮助我完成青春期爱情这一课，至于对方是谁，反倒没那么重要。

现在，我在看一些电影、电视剧时，如果不巧入了戏，总不免会被男女主角的各种误会以及拧巴的处理方式给气到。

在这些电视剧里，男女主角之间只有一点屁大的误会，可就是解不开。明明从一点到另一点直线最短，可他们偏偏喜欢绕圈子、走弯路，虐己虐别人，仿佛不把自己和别人虐惨一点，就对不起那份伟大的爱情。在这种比惨式爱情里，两个人明明相爱，却又要互相伤害，待到误会解除，感情更深一层。可现实生活中的人若是都活成剧中人物这样子，那简直就是人生的灾难。你的时间和精力若是都花去为爱情要死要活了，哪还有时间去赚钢镚儿养家糊口，将来又怎么充当家庭顶梁柱啊？

这种虐恋情节，用在文艺作品里，能起到高潮迭起的戏剧效果，让人看得很过瘾。可现实中的小夫妻，有几对受得了这样的折腾？

进入婚姻后，我们需要去挣面包，需要去照顾老人，需要考虑工作、房子、车子、孩子、保险和未来。我们身上的担子重了，爱

情的比重就降低了。谁能绕着谁转一辈子呢？山盟海誓、天崩地裂的爱情，更多是少男少女玩的把戏。

中年人失恋、失婚之后再择偶，一般不会要求对方"才貌双全、十八般武艺均会"，不需要对方"爱我爱到死心塌地"，更多是希望"相处不累就好"，就是因为到了"上有老，下有小"的年纪，我们切切实实感受到了生活的重量，谁都没空哄着谁，大家都得学会自我负责。

说真的，我比较讨厌"女人都是要哄的"这类说词，因为它往往蕴含了一个前提：需要哄的那一方，没办法自我负责，你没办法跟TA讲道理。你没法把对方当成一个跟自己平等的"人"来看待，才会去哄。

进入婚姻后，如果我们能认清"爱情荷尔蒙已经减退，生活最终要回归如常"的形势，就该学会自爱和制衡。自爱者，人未必爱之，但大概率上，人不敢公然欺之。你若是不自爱，别人更不会爱你。

美貌可能会随着岁月而流失，撒娇一百次后也会没了新意。人到中年的男人也很累，也负担不起另一个人的人生。女人的自我救赎和升级之路只有一条：自我负责，先自爱，再爱人。

婚姻不是港湾，不是你婚前找到了一个对你百依百顺、呵护到位的男人，婚后就可以躺平做姑奶奶。婚姻是江湖，这个江湖波谲云诡，形势变幻莫测。你的手，摊开可以抚摸爱人，攥紧可以当拳头。

丈夫既是你的爱人，同时又是你的合伙人。风平浪静时，你可以郎情妾意；出现风波时，你可以用"雷霆"手段摆平。

我们所说的女性独立，真不是兜里有几个钱、在社交媒体拗几个独立造型那么简单，而是不把别人的主动帮助视为理所当然，不对身边的人有过多"义务预设"，你需要把脑子里时不时生出来的依赖念头给生生掐掉，想尽一切办法去解决生活中出现的每一个问题，学会自我抉择、自我负责、自我优化、自我兜底。

与其当个被人轻易拿捏住情绪的小磁针，不如把自己锻造成稳如泰山的磁铁。

05
"煤气灯效应"造就的"疯女人"

（一）

曾经的一个娱乐热搜，让心理学上的"煤气灯效应"成为一个热词。

这个效应的得名，源起于一部电影《煤气灯下》中的故事：一个男人为了得到死去的女主人价值连城的宝石，于是设计接近她的女继承人。他略施小计让继承人爱上自己，婚后再对她进行精神操控：他故意藏起女人的胸针，女人找不到，他就说女人记忆力变差；又故意调暗煤气灯，女人说灯光变暗，他又说是女人在疑神疑鬼。慢慢地，女人真的觉得自己记忆力变差、做什么事都做不好，最后差点被逼疯，而男方此时对外宣布"她已经疯了"，以谋夺她的宝

第2章 认知逻辑：活出进取性，用全新的观念摆脱桎梏

石。所幸，男方的阴谋被识破，女方得救。

后来，心理学家就把这种现象称作"煤气灯效应"。

如果你没有了解过"煤气灯效应"，那在街头看到一个歇斯底里的女人，你的第一反应可能只会是：这女人不体面、不理性。

以前我也是这么认为的。早些时候，我在熙熙攘攘的某商场门口看到一个女的像发了疯一样边哭边打她身边的男人。男人任打任骂，表现得比较宽容、理智和冷静。当时，我当时的第一反应是：这女的咋回事？有什么话不能好好说，有什么事不能在家里解决，非得在大庭广众之下闹成这样？

我相信绝大多数人跟我的反应是一样的。如果大家不清楚这两个人之间到底发生了什么，大部分围观群众的同情心会给那个男人，指责的手则指向那个女人。

可是，后来我也有了这样的体验，我的想法就变了。

生孩子前一夜，前夫去医院交了个费，然后就回家了。我一开始以为他只是回我们自己的小家，因为家就在医院对面，没想到他回的是离医院几十公里的他父母的家。

他离开医院时，我已经见红、开始阵痛，随时要生产。他说要离开时，我歇斯底里地在医院里大叫："你滚！"

现在想来，我的样子在围观群众看来肯定也特别疯吧？一个挺着大肚子的女人，蓬头垢面坐在医院走廊的长椅上，脸部浮肿，眼睛布满血丝，歇斯底里地冲着一个冷静的、理智的、得体的男人大吼大叫。

可是，这个事情的前情是：我第二天就要生孩子了，而前夫已经有将近半个月没有回过家，每天都住在他父母家里或是外面的酒店。整个孕期，我睡眠障碍极其严重，尿频症状加重，一夜起六次是常态。哪个晚上能连续睡着两个小时，都能让我感恩戴德，但我怀着孕不能吃助眠药，只能硬撑。与此同时，前夫经常夜不归宿，他和别的女人在一起却把我瞒得死死的，他甚至曾挖苦过我因怀孕而产生变化的身材。

那时候，我们的夫妻关系、我和公公婆婆的关系差到极点，但请原谅我二十八岁时远不如今天这般强大，在孩子落地之前，我不敢贸然离婚……总之，产子前夜，我在医院里像个发疯的女人一样，歇斯底里地冲他大吼，是因为有这么多的前情。但是，围观群众是不知道这些事的，他们看到的，只是一个待产的孕妇在众目睽睽下发疯。

在这种情境下，得体的、理智的、冷静的，永远是男人。他没有被任何人伤害，不需要忍耐任何人，他占尽便宜和优势，所以情绪稳定。

人们只会同情他，同情他怎么娶了那么一个情绪不稳定的疯女人。

现在，如果我在街头看到女人发疯的情形，就再难生出那种"她不理性、不冷静"的揣测了。谁知道在发疯之前，她承受了多少不为外人知的伤害呢？

而让我感到遗憾和悲哀的是，"煤气灯效应"里的受害者，绝大多数是女性。我们很少见到被逼疯的男人，是他们天生情绪稳定吗？

如果易地而处，让他们遭受女方的遭遇，请问他们还会情绪稳定吗？

（二）

一个女人，一旦被定性为"疯女人"，她说的话就没几个人信，她的诉求就没几个人听，她就失去了被当成正常人看待的资格。

大家可能只会同情那个令她发疯的情绪稳定的男人，却不去探究这个男人到底做了什么才让这个女人变得歇斯底里。而且，女人刚跟那个男人在一起时，可能并不是这样子的，她可能也曾俏皮可爱、端庄大方、情绪稳定。

在一些文学作品中，我们也能时常看到这样的"疯女人"形象。最著名的就是《简·爱》中罗切斯特的太太。罗切斯特在娶这个太太之前，是个一无所有的穷光蛋。父兄相继离世，他侥幸继承巨额财富变成富翁，却不幸拥有一个疯妻子。这位太太会刺杀罗切斯特、咬伤别人、烧毁衣服、用纵火的方式与桑菲尔德庄园同归于尽……

她疯得莫名其妙，疯得毫无逻辑。在这个家庭中，因为她已经被定性为疯女人，所以她的故事和诉求没人听。《简·爱》全书从头到尾都没让她说一句话。这个家庭中的话语权完全由罗切斯特掌握，罗切斯特可以告诉所有人：我的妻子是个疯女人，她嫁给我之前就疯了,我才是最可怜的、最不幸的。

也许,连夏洛蒂·勃朗特都没有意识到,她笔下的这个疯女人并不是罗切斯特描述的那样。

琼瑶的小说《菟丝花》,应该同时化用了《简·爱》和《呼啸山庄》里的情节,这部小说里也有一个疯女人。

故事的主人公是孟忆湄。她妈妈因子宫癌去世,临死前将年仅十七岁的她托付给素未谋面、远在千里之外的罗教授。孟忆湄来到罗家,发现罗教授性情暴躁、行为古怪,罗太太则患有精神病。最终,这位疯太太自杀了。罗太太自杀后,上一代人的恩怨谜底,也由罗教授揭开。原来,罗教授跟孟忆湄的妈妈情投意合,可罗教授后来忍不住出轨了罗太太,孟忆湄的妈妈无法容忍这种背叛,带着孟忆湄远走高飞了,而罗太太也疯了。

这个故事的核心情节是:被罗教授辜负的两个女人都死了,罗教授却还好端端地活着。疯女人和死人都无法开口为自己说话,这个故事只能任由罗教授解说和编排。

可是,我们可以仔细思考下:罗太太是怎么疯的呢?还不是因为罗教授主动撩拨她,和她结了婚却一辈子不爱她?

还有著名话剧《雷雨》中的周繁漪,也是一个被定性为"神经有点失常"而天天被逼喝药的女人。

她是周朴园的妻子、周萍的后妈、周冲的亲妈。周朴园并不爱她,他抛弃鲁侍萍跟她结合,完全是冲着她的家世去的。她空虚寂寞冷,出轨了继子周萍,活得压抑、分裂而痛苦,却被周朴园定性为"有病"。

咱们可以思考一下：这些疯女人、病女人是怎么来的呢？是她们本身就疯，本身就有病吗？

如果大家深入了解过身边人的婚姻，会发现存在这样一种现象：一些过得不好但没有散架的婚姻，主要靠女方能忍。

男人发现妻子有赌博、冷暴力行为或其他不良嗜好，多半会选择离婚。而女性的退路、出路往往不那么宽广，她们当中有很大一部分人担心自己离开婚姻就没有更好的活路，因此，她们在婚姻里也更善于忍，甚至把自己忍成了"疯女人""病女人"。

伤害了别人的人，因为刀子不是捅在自己身上，倒是可以情绪稳定。

我和前夫离婚时，我也发现：对同一段婚姻、同一种家庭生活的感受，我和他完全不一样。他感觉一切尚可，认为我们还可以走下去，不明白为啥我非离不可，毕竟孩子还那么小；而我觉得一秒钟都没法再忍下去了，只要能离婚且孩子归我，财产上吃点亏我都愿意。

为啥同一段婚姻，会让我们的感受差异这么大？就是因为他不需要忍我，而我需要忍他。

一般来说，一对走到离婚这一步的男女，在婚姻中的感受是不一样的。伤害了伴侣、被动离婚的那一方，常常会觉得"这日子还可以过下去，你为啥非得离啊"；被伴侣狠狠伤过、主动离婚的那一方，更多会觉得"那是因为你不需要忍我，而我需要忍你，甚至还得忍你全家"。虽然大家身处同一桩婚姻，但这桩婚姻对前者来说只是有点烫的温泉，对后者来说可能是能把人烧伤的岩浆。

而我在了解到"煤气灯效应"、见到过"大街上的疯女人"之后，开始认真地思考一个问题：我们要那么草率地给每一个情绪激动、歇斯底里、讲话大声的女人贴上"疯女人"的标签吗？我们是不是应该了解一下她"发疯"的前因后果，是不是可以听听她的故事和诉求、她的自我辩解，而不是简单粗暴地定性她"一定是疯了"，接着让她失去话语权，无法表达自我或是表达了也不被人重视和信任？

请看到这些"疯女人"，看到她们的眼泪和伤痛，看到她们的不幸和命运；请不要辱骂她们脆弱，疯魔；请不要永远把她们困在阁楼里。

06
大城市女性如果想结婚，找对象还是要趁早

（一）

某天，一个邻居在业主群里帮她认识的姑娘征婚。

姑娘的基本条件是：三十七岁，外省人，广州一家二本院校的副教授，博士学位，有房有车，性格不错，长相中等，身材较好。过去多年一直忙着在学业和事业上打拼，耽误了姻缘，现在有意找寻"比自己小六岁到比自己大六岁"这个年龄段的单身男士，要求男方经济独立、人格独立。"经济独立"指的是男方能养活自己就行了，不要求有房有车；"人格独立"则是要求男方"不妈宝，自己的事儿可以自己说了算"。

但是，这个征婚需求出来后，并没人应征，也没有人介绍，反

倒"炸"出了群里其他"媒人邻居"，他们相继帮身边的人发布了征婚需求。

我看了一眼，发现有征婚需求的全是女孩子，她们当中有80后、90后，最低学历本科，工作和薪酬看起来都还不错。

一个邻居在群里吼了一句："就没有男的征婚吗？"

群里沉默了半晌，最后有人回答："我们单位也有好多挺优秀的女孩子过了二十八岁还没找着对象，但相同年龄、相同条件的男孩子，要么有女朋友了，要么都结婚了。"

看到这架势，我倒吸了一口冷气。在一线城市，越是混得好的女性，在择偶方面的可选择余地越小。好一点的男性，都被捷足先登了；剩下的，她们也看不上。

这种"供需不对等"的情况，在婚恋网站上表现得也很明显。某婚恋网站的 VIP 女会员费用是一年一万多，介绍12个相亲对象，一个月安排一个。我朋友交了钱，发现红娘介绍来的全是她压根儿看不上的"歪瓜裂枣"。可是，对于男会员，只要各方面条件稍微过得去，"脱单"相对会快一些，而且也比较容易挑到靠谱的。

我所在的行业，人员流动性不低，但我发现一个现象：在工作上负责任一点、能干一点的男同事，哪怕没房没车、长相一般，也都"脱单"比较快；对工作负责、办事靠谱、情商也不低的女同事，相对却比较难找对象。

随着城市女性广泛参与社会分工，很多女性对男性的财力要求变低了，但就是这样，稍微靠谱点的男的，还是会被捷足先登。

第2章 认知逻辑：活出进取性，用全新的观念摆脱桎梏

我一个朋友在广州参加一场相亲会，发现现场女性的数量是男性的四倍，而且她们一个比一个优秀。一个年薪二十几万的交警，长相一般，但个子高、身材挺拔、举止大方，相亲结束时竟收到了十几朵玫瑰花。

我大学时的男同学上过一个总裁班，班里六十多个人，女生占去一大半。这些女生几乎都是大龄单身，不排除花几十万报这种班也有"去班上找伴侣"的动机。但尴尬的是，全班男生中，只有他一个男生未婚，而且他还有女朋友了。

一线城市剩下来的优质女性，很大部分原因是能与她们匹配的男性大多已经待在婚姻里了。优质男在市面上供需严重失衡，基本就是"僧多粥少"的局面。

为啥会产生这种现象？有个体的原因，但是它同时是一个结构性问题。

在城市里，你觉得"剩女"比较多；但走到广大贫困乡村一看，光棍村层出不穷。贫困地区光棍的数量还远远多于经济发达地区剩女的数量。

男性择偶的内卷，主要是比拼财力。我公司一个男同事说他们农村老家的彩礼已经涨到三十万了，可就是这样，这些男性依然很难找到"条件还过得去"的女孩子，因为这些女孩子的选择面相对比较广。

越穷的乡村，"剩男比剩女多"的这种现象越严重。但是，经济条件、收入层次高到一定程度，在择偶方面，就是"剩女比剩男

多"了。

如果男女双方都处于社会金字塔的腰部,那么,女人年纪越大,想要找到个优质男人就越难。你得走很多路,绕很多弯,等待很久,付出很多努力,也得有好运气,而男性择偶却容易得多。

(二)

我二十四岁时出去相亲,其实是有大把优质男性可以选择的。

那时候,按照这个社会俗常的评价标准,我应该处于最佳择偶期:容貌、身材都还可以,学历不低,有体制内的稳定工作,收入不高但稳定、体面,买了房,有了一定经济基础,性格、脾气也还不错⋯⋯

失恋后,我宣布单身,有好多人给我介绍对象,而且每一个都比我后来遇到的前夫要优秀。

比如,一个女同事的老公给我介绍过一位男士。女同事的老公是一个处长,手下有一个人品不错、很能干的小伙子,就给我们牵线搭了个桥。可是,跟人家见面后,我居然嫌他在头上抹了摩丝,显油腻。他再约我出去,我就拒绝了。

当时,我在征婚网站遇到个同行,我们聊起行业内的事情挺投机,但一谈情说爱,我就哑火了。另一个同行,曾主动跑上门来帮我搬过家。搬家时他特别舍得出力,可我只请人家吃了一顿饭。

有领导给我介绍他的海归儿子,我也只是跟人家出去吃了次饭,人家再约我，我就不肯出去了。另一个领导给我介绍了他手下的业务骨干，网上聊过后他约我吃饭，我回绝了。

我还约会过一个自己白手起家创业的男生，跟他一起去看过一场电影，但我拒绝他的原因是觉得他长得不够帅。过马路时他不小心碰了一下我的手，都让我感到不舒服。

很多年后，他们当中有的人成了我的客户，有的人成了我发起的助学活动的参与者。他们都已经结婚当爸爸，工作努力、对家负责，容貌和身材管理还不错。

大家都已经放下往事，我还跟他们开玩笑："哎呀，错过错过。"

而当初我拒绝他们的最大的原因，不是他们有这样那样的毛病，而是：虽然我宣布单身了，但我心里还住着前男友。这样一来，不管我跟谁相亲、约会，我都看不上人家。

现在想来，我也有自己的问题：既然心里还住着一个人，那去招惹其他人干吗呢？

和前男友分分合合折腾了三年，我们分不了也好不了。我们对外宣称已分手，背地里却藕断丝连，对方既不想分手也不想结婚。后来，是我受不了这种关系，主动斩断了情缘。

之后，我找了一穷二白的前夫，但后来这段婚姻因对方不忠而破裂。而前男友和我分手时刚好处于男性求偶黄金期，他有房有车，事业处于上升期，人也比过去成熟，在择偶市场上还是蛮有优势的。他找"好女人"，比我找"好男人"，难度确实要小一些。

我跟前夫认识的时候已经二十八岁，那会儿我遇到的"奇怪的相亲对象"就比二十四岁时遇到的多出很多了。彼时,二十四岁时的我相过亲的男士们都已经结了婚,二十八岁的我遇到的相亲对象在我看来"一个比一个奇怪":有嫌我有过恋爱经历的,有嫌我拿钱出来资助小孩的,有跟女友吵架就跑出来跟我相亲接着又回去跟女友结婚的,也有嫌我学历高、收入高、婚前买了房的……相比他们,前夫已算鹤立鸡群。

那时候我在婚恋市场已不如之前那么吃香。相比二十四岁时我遇到的男性,前夫就是长得帅一点,我最后之所以选择了他,是因为他好歹长得帅,不油腻,至少不会让我反感,追求我也还算有诚意,而其他相亲对象要比他差劲。

如果时光倒流,我可能还是会选他。当时我就是想结婚,而且我真的没有更好的选择,至于后来感情发生质变,就不是我能掌控的了。

讲起这些,不是为了控诉谁,更不是放不下往事,而是想通过我自己的故事,告诉年轻姑娘们一个小小的道理:如果你想结婚,那么,你的择偶黄金时期可能就是二十岁到三十岁这十年。三十岁以后,你的选择面只会越来越少。因此,二十岁到三十岁这个年龄段的女性,如果真有想结婚生子的"志向",还是得适当主动。

(三)

我一个闺蜜,年轻时青春被一个渣男耽误了,再醒悟过来,已

第2章 认知逻辑：活出进取性，用全新的观念摆脱桎梏

是三十八岁。她父母、亲戚介绍给她的所有男士，几乎都被她否决了，起码否决了有几十个。

她父母一直以为是她太挑剔，只有我知道：从二十四岁到三十四岁，她为了一个不值得的男人，浪费了整整十年的时间。和他处于纠缠阶段时，就是介绍完美男人给她，也入不了她的心。

现在，每次听她讲那些相亲经历，我总替她感到绝望，是那种只能在垃圾堆里找"可回收废品"的绝望。

大龄女性的"择偶内卷"甚至远比"高考内卷""职场内卷"严重。相对不错的男性就那么多，而且早早被人捷足先登；余下的，剩女们根本不可能和他们凑合。

女人过了三十岁就不大好找对象，男人的相对期限则可以放宽到四十岁。大家的青春都值钱，但男人的择偶花期确实要稍微长一些。

如果你刚好处于二十到三十岁这个年龄段，遇到了浪费你青春的男人，请别犹豫，果断放弃。你的时间成本、机会成本都比他值钱，不要浪费时间跟他纠缠。

以前听老一辈讲"不要耽误彼此的青春""女人的青春更值钱"之类的话，我都不屑一顾，心想：人生就是用来耽误的，男人的青春也是青春，这种说法涉嫌物化女性，可现在，我觉得它跟物化女性没啥关系，它反映的就是一种客观事实：女人的择偶窗口期确实短，选择面又相对较窄，择偶内卷又很严重，耽误久了，就是会损失大量的机会成本。

如果你已经被"耽误"了青春,到了婚恋市场上发现自己"高不成、低不就",发现人类高质量男性大多已经被婚姻收编了,那也没关系。因为即使你在择偶黄金年龄段选中了一个"你认为的优质男性",搞不好将来他也有变质的可能。

姻缘这事儿,也要靠运气的。如果你"夫运"不大好,那就把时间、精力省下来,去命运眷顾你的地方发力,这样我们的人生效率、人生投入产出比可能会高一些。

这世界上有"夫运"的女人,跟有财运的女人一样少。如果某一方面自己运气确实不佳,那就少使点力,不去死磕了,一切随缘吧。

第3章

执行逻辑：活出实践性，用超强的行动突破难题

01
及时止损，不做感情中的赌徒

（一）

某公司一个男员工因参与网络跨境赌博，输了将近 500 万元，并在内部论坛留了一篇遗书自杀，还因此上了新闻。

该员工在遗书中详细写明了参与赌博的过程：先是小小盈利，后来一直输，然后就去找银行、网贷平台、同事借钱，借了钱后又去参与赌博，结果越陷越深，直到输光为止。

想着即将出生的孩子，他跟老婆坦白了参与赌博之事。老婆选择了原谅他，并把身上的 75 万元存款外加 20 万元贷款都给了他。结果呢？他拿着这笔钱，一心想着靠赌博回本，没想到又输得一分不剩。

在准备自杀之前,他又骗了几个同事,加起来有40万元,并拿着这些钱去"搏"了一把。如你所知,没有然后了。

他觉得自己一辈子都还不上这笔钱,也对不起所有帮助过他的人,于是选择自杀。好在,他被救活了。为什么我会说"好在"呢?因为一旦他死了,那些借了钱给他的人,只能恨一个死人。他们的血汗钱被借走不还,都没法冲一个活人撒气。

我从小在农村长大,听闻过一些滥赌成性的人的故事。也见到过原本还过得去的家庭,因为家中出现一个赌徒而坠入苦难深渊的故事。这些赌徒,大多是男性。

这些赌徒,大多对"成功"抱有不切实际的渴望,自我认知也出现了严重的问题。他们总是陷入越赌越输、越输越赌的泥沼,直到最后不能自拔。

一般来说,一个家庭中出现这样一个人,家人们是要和他切割的,可现实生活中,也有一些女性在发现丈夫滥赌成性后,幻想自己能做"浪子终结者"。

这类女人在发现伴侣有赌博、酗酒上瘾等事件时,总是告诉自己:他自己也不想这样,只是误入歧途了。我们夫妻一场,我有义务拉他一把。

她很担心自己一离开,丈夫就说她不厚道,舆论就说她凉薄、势利,于是抱着为丈夫着想的念头,不断伸出手来去拉她那个陷入沼泽的丈夫。

做错了事情的丈夫,因为心虚,因为内疚,嘴巴总是特别甜,身段能放得特别低，往往能给女人提供比较高的情绪价值，让女人一次又一次地对他产生怜爱心。

这样一来，她付出的沉没成本越来越高，到最后更加舍不得离开，直到她和丈夫的命运真正融为一体。

（二）

严歌苓的小说《妈阁是座城》中的梅晓鸥，就有点这样的特质。

在少不更事的时候，她爱上赌徒卢晋桐并怀了他的孩子，可他却在她阻止他赌博时，出手打了她。之后，她当了赌场里的"叠码仔"，"干净地"赚那些好赌男人的"脏钱"，其间她遇到了两个男人：段凯文和史奇澜。

男人赌钱，她赌感情。

在赌场上，她看到了男人们最欲壑难填的一面，也碰触到了他们最真实的自我。她懂他们，比他们的老婆都懂。她会掏钱去拯救他们，比他们的老婆还仗义。但是，懂又如何呢？仗义又怎样呢？她只被他们当成一段渡桥、一根救命稻草、一个红颜知己。

梅晓鸥骨子里有一股拯救欲。她内心深处一直渴望碰到一个会进赌场但懂得收手的男人，可她见到的男人，无一例外地败给了自己的贪婪。

她的工作地点是赌场，那里的游戏法则是十赌九输，进赌场的男人们都以为自己会是赢的那个"1"。她也进情场，那里的游戏法则也是十赌九输,但她不信邪,她总以为自己会是那个"1"。

她差点赢了一次。在史奇澜赌尽家产,被四处追债、妻离子散的时候,她扶他东山再起,并帮他成功戒赌。可是,在他迷途知返、浪子回头以后,他的妻儿找到了他,希望梅晓鸥能放他回家。

梅晓鸥选择了大度成全,在那个男人怀里结束了"此生最后一次爱情",很干脆地臣服于这种"为他人作嫁衣裳"的命运。她非常明白:当那个男人不再赌时,他也彻底不再需要她了。

看这部小说的时候,我就在想:这是小说啊。现实生活中,我所见过的赌徒,没有一个回头的。

一个网友的老公,在她孕期、哺乳期赌博欠债30多万。她给了他无数次改正机会,但他还是无法放手,最后把房子都输出去了。

我老家有个邻居,一辈子嗜赌,把孩子的学费都输光了。农民家庭本就不富裕,他老婆好不容易攒下来一点钱给孩子交学费,被他千方百计偷了出来,在赌桌上输光了。他的两个女儿因为没有上学的学费,早早辍了学。他老婆实在忍受不了他,选择了离婚,后来又被他的"悔改诚意"劝了回来,只可惜这种"诚意"维持不到一年,他又故技重施。这一次他老婆再也不敢相信他了,带着孩子远走高飞。

现实生活中,金盆洗手、浪子回头的发生概率是很低的。沾惹了赌博的人,没有一个靠赌发家致富,更没有一个能把日子过得好的。

有过赌博等前科的男人会痛改前非么?也许会,但更大的可能是他死心不改。

女人千万不要心存侥幸心理。一个人能改过自新，只能是他自己愿意改，而不该是情势所逼。下跪求饶暂时改了的，日后故态复萌的可能性极大。

一个有自制力的男人，根本不会让自己沾染上赌博。染上赌博的，大多数是没有自制力、好逸恶劳的人，你指望他突然金盆洗手？这挑战委实不小。

人生短短一辈子，为啥要把自己绑定到一个不靠谱的人身上，由别人去决定你的喜怒哀乐和人生呢？

（三）

前段时间，我收到这样一通私信：羊羊，我老公常年流连在赌博桌上，他自己赚来的那点钱还不够他输的。我一直不离婚，一方面是因为这些年为他付出了太多，而且，不管是赌赢了还是赌输了，他都对我挺好的。赌赢了，给我花钱大手大脚。赌输了，回到家里任劳任怨。我也想过要离婚，但每次都存在侥幸心理，以为他会改。

我给她回复了这么一大段话：

你以为你的丈夫才是赌徒么？其实你也是啊。

人为什么喜欢赌博呢？因为人类骨子里就喜欢紧张、扣人心弦、偶然获利的感觉，大多数人都抵挡不了"以一搏十"的诱惑和快感。

庸常的生活太过枯燥无味，我们都需要用一些其他的乐趣来调剂下生活。只不过，不是每个人都会对赌博上瘾。所有沉迷于某种不良嗜好的人，更多是因为没法从正常的爱好中培养乐趣。

这类赌徒只梦想以小博大，一步登天。如果你幻想自己可以感化对方，让对方浪子回头，那你本身也变成了赌徒。

所有幻想可以感化"渣伴侣"的人，不都拥有这样的赌徒心态吗？你舍不得自己已经下注的沉没成本，幻想某天能连本带利地收回来，却可能只会迎来"赔了夫人又折兵"的结局。

生而为人，这一生可能会面临这样那样的诱惑。"赌一把就能发大财"的，当然也属于诱惑的一种。

而一个真正想掌控自己人生的人，不会想当然地认为自己能抵挡住这些诱惑，而是愿意正视和承认自己的软弱，说白了，就是：我不相信自己能抵挡住这些诱惑，所以我选择远离。

就像是一匹行走在山间道路上的马，看到悬崖边有一簇自己最爱吃的草，但它选择了远离，而不是相信自己一定不会是失足摔下去的那一个倒霉蛋，然后以身试法……

不信邪，去尝试了的，几乎没一个有善终。

赌情也好，赌博也罢，莫不如是。

02
"姐弟恋"不是洪水猛兽

（一）

　　我一个朋友比她老公大十三岁，现在两个人结婚很多年了依然过得和和美美；还有一个离异的女性朋友最近再婚了，新郎比她小八岁。

　　在传统观念中，男大女小的"兄妹式"婚姻似乎是更合适的伴侣模式。男人大一点，经济实力相对强一点，也相对成熟一些，似乎更能给人以安全感。

　　确实，在现实社会中，这样的婚姻模式是主流。

　　有家机构曾作过一个婚姻状况调查，他们把男女按学识、身份、地位等划分成甲乙丙丁若干等，结果发现：男性一般会找比自己低一等的女性，女性则倾向于选择高一等的男性，如，甲男配乙女，乙男配丁女。如此一来，甲女和丁男就成了"剩男剩女"。这也是城市"剩女"群体庞大，而农村光棍基数也在持续增加的原因。

城市"剩女"大多条件优秀，的确可以去找比自己条件好一点的男人，但这类男人要么已经结婚了，要么各方面条件不尽如人意。对她们而言，与其将就着找一个达不到自己择偶要求的同龄男性，不如去找个女性观、婚恋观相对进步的"弟弟级伴侣"。

时代总是在进步，年轻人大概率上思想上更前卫一些。当一些60后70后男人可能会忌讳找一个离异女性结婚时，可能90后、00后男孩子早就不觉得这算是哪门子障碍了。

几年前，一个朋友谈了一场"姐弟恋"，受到了身边很多人的警告，但她还是想和他在一起。她说："我只是受够了现在一些年纪大点的适婚男人身上散发着的那种精明、世俗、油腻味儿。面对爱情，他们拿不出最起码的诚意和真心，永远想用最少的诱饵钓到最大的鱼。"

这当然只代表她个人的想法，但她的想法或许也能代表一部分大龄女性的择偶心态。

一部分中年男人的油腻，主要体现在素质、品德、修养等方面，而不是外在的表现。像长胖了啊，戴手串了啊，爱听草原歌啊，穿什么风格的衣裳啊，那是每个人的自由，没什么好拿来嘲笑和奚落的。

哪些算是油腻、猥琐的中年男人？我搜肠刮肚，想到几点特征：

不尊重妻子，明明已婚，却看到年轻女孩就两眼放光，甚至生出非分之心；占着自己有几个钱，就认为在感情上可以为所欲为；爱自我吹嘘，看不起年轻人，习惯性好为人师。

如果你是大龄"剩女"，让你跟这样的中年男性在一起，你感兴趣吗？

（二）

每一对"姐弟恋"中的女方，可能都遇到过这样苦口婆心的劝导："你马上就青春不再了，到时候你人老珠黄了，而他青春年少，他若再出去找个年轻漂亮的，你怎么办？到时候你都没人要了，所以，还是找个年纪大点的稳当。"

一般来说，"姐弟恋"中"弟弟"的经济条件比"姐姐"要差一些，敢谈"姐弟恋"的往往是经济更独立的女性，因此，她们经常会被劝导："人家只是看上了你的钱，你要看管好自己的钱包，别到时候赔了自己又折了钱。"

李碧华也曾写过这样的金句：

"不要提携男人。是的，不要提携他。最好到他差不多了，才去爱。男人不作兴'以身相许'，他一旦高升了，伺机突围，你就危险了。没有男人肯卖掉一生，他总有野心用他卖身的钱，去买另一生。"

对这个问题，我那个离婚后来嫁了比自己小十三岁的老公的朋友曾说过这样一段话：

"一个女人死守着财富，那是因为只有钱才能给她带来安全感，可我对钱看得很开。你想，如果我们都已经成了家，可我还锱铢必较，那我们一定会有很大的矛盾，所以，我愿意在不会动摇我经济根基的前提下去扶持他。

"我的想法也很简单：你若能成事，他日我有难，你才有能力扶我一把；你若来日负我，那我对你已是仁至义尽，你拿着你自己的事业远走高飞，也不至于再来跟我讨要钱财，让我伤筋动骨。

"我跟前夫在经济上各自独立，我连他赚多少钱都不知道，但跟我现在的老公是经济共同体，两个人唇齿相依。遇到他时，我算是事业有成，所以我们会遭受这样那样的非议。

"但是，如果我们俩对调一下性别和年龄，那这种故事人们就司空见惯。要知道，我们的社会素来对男人和女人持双重评价标准。

"你与其说他是看上我的钱才跟我在一起，不如说是因为我有了经济基础，才有了可以选择新的感情和离开坏死婚姻的勇气。"

这么多年过去了，她和他还在一起，而他们俩的女儿也快上小学了。

你看，真正独立强大到一定程度的女人，不会轻易被男人骗，也不会把男人当贼一样防着。她们有能力把控自己的生活，也有能力和底气承受再次选错的风险。

再说了，"提携"和"帮助"是两个概念，"提携"有点居高临下的意思，而"帮助"是平等个体之间互相提供的方便与支持。

聪明的女人，大多懂得"提携"和"帮助"的界限在哪里，懂得自己的"止损点"在哪里。

曾经的我也不看好"姐弟恋"。那时候，我总觉得，"姐弟恋"中的"姐姐"，因为更成熟，更懂得眼前安稳生活的可贵，所以更愿意珍惜。如果她遇上一个不够成熟、也没法真正担起婚姻责任的"弟弟"，结局往往不大好。可后来我发现，"弟弟"也分很多种。"姐弟恋"能否开花结果，不是取决于年龄。

"姐弟恋"婚姻也好，"兄妹式"婚姻也罢，能否长久主要还是看双方是怎样的人。

（三）

未婚男和单亲妈妈这种"姐弟恋"搭配，在一些人看来依然是一件比较反常规的事情。

一个离异男娶一个未婚女，他们觉得可以接受，但一个单亲妈妈若是嫁了一个未婚男，他们就炸开锅了。如果女方经济条件好一点，女方亲友普遍会认为男方想要吃她软饭；男方亲友则觉得女方年老色衰还带个所谓的"拖油瓶"，实在妨碍男方奔前程。

事实上，离异男和未婚女的搭配，未必不会埋藏着地雷；未婚男和离异女的组合，也未必就不幸福。要知道，社会对离异女性比对离异男性严苛许多，很多女人宁肯顶着舆论压力和生活压力也要离婚，实在是因为伴侣的言行已经严重挑战她的心理底线了。

我还认识一个朋友，二十八岁时闪婚，之后发现老公有不良行为时当即离了婚，带着孩子搬离了前夫的家。再后来，她三十五岁那年认识了一个比自己小七岁的男人，对方对她穷追不舍，这期间她自己也犹豫了很久，后来还是鼓足勇气和小男友在一起。如今这么多年过去了，他们依然恩爱如初。

中国人依然习惯把婚姻作为改变命运的方式之一，对婚姻的功利性需求大于情感性需求，所以男女双方结合时首先考虑的是对方经济条件如何、是否适合生养……

但是，我们也相信，随着社会的发展进步，婚姻的情感性需求慢慢会占上风，人们会更多去关注两个人的精神内核是否契合，两个人是否能同频共振，在一起是否开心，对各种事情的接受度也会越来越大。

世俗的眼光和标准，从来只是批量生产行为的"紧箍咒"。只要两个人真心相爱、努力生活，在一起后彼此变得更积极向上，那么，有年龄差距、是否婚育过，又有什么关系呢？

03
成为主角，不做花边

（一）

前段时间，有人找我咨询离婚问题，咨询结束后我感慨良久。

咨询者（女）在一个三线城市做生意，年赚百万，在小地方算是一个行业佼佼者了。在家庭中，她是养家主力，也是照顾公婆和孩子的主力。她老公不出去工作，每天睡到日上三竿，平日里就捣鼓毛笔字、山水画，家里连酱油瓶倒了都不肯扶。她觉得老公对她毫无用处，想离婚。

我问她："这么多年，你一路这样走过来，为啥现在才想起要离婚？他有什么好值得你留恋的？"

她回答了三句话：

"我跟他结婚时不是处女,可他没有嫌弃我。"

"结婚后我很难怀上孩子,治了好几年才怀上,他都没有抛弃我。"

"别的男人有出轨甚至还有家暴老婆的,可这些年来他没有。"

说真的,我当时惊到下巴都合不拢。为啥作为一个丈夫应该做到的最基本的事情,她要那么感恩戴德?

表面上看,她是"因为丈夫不嫌弃、不抛弃、不背叛自己"而不离婚,但背后的原因可能是她骨子里很自卑、心理能量也特别低。虽然她工作能力强,年入百万,但在婚恋关系中依然处于弱势地位,比较容易被打压、被洗脑。

一些女性赚钱是一把好手,但回到家里,她们不自觉会产生思想路径依赖,很难产生觉醒意识。这里的思想路径依赖,就是对社会惯于给女性洗脑的那一套话术缺乏足够的审视和批判。

我们这个社会的女性,从小就被父母、亲人、师长等身边人灌输了一整套做贤妻良母的标准,而如果我们刚好有做"好女人"的心理需求,就会拿这个标准来要求甚至苛求自己。但社会对男人的评价标准却是另一套。

比如:"男人都是小孩子,是需要你包容、迁就的,只要他不打你、不出轨,他就已经好过 90% 的男人啦。"恕我直言,我觉得这话是裹着一层糖衣的砒霜。

对这类话术,女人应该保有最基本的警觉。难道你还真因为听了这些话,就觉得对方是全天下最好的人?比如,在这个案例中,忍受低质量婚姻的"女强人"看起来是强势的一方,但这种强势只是体现在工作能力和经济条件上。思想上,她实际上还是被洗脑、被控制的一方。也就是说,她的心理能量,远不如丈夫强大。

(二)

我曾经跟一个五十多岁的男人聊历史、聊职场、聊生意,聊得挺开心的。聊着聊着,他突然聊起了夫妻关系,开口就是"男人是天,女人是地"。

听到这句话,我脑子"轰"一声响,心里盘算着要怎么转移话题才自然,可对方还是继续说了下去:"天行健,自强不息"这话是用来要求男人的,男人要自强。"地势坤,厚德载物"是用来要求女人的,女人要能包容一切。男人越自强,女人越有德行,孩子就越优秀,丈夫也越成功。

我心想:男人自强不息是对的,可这话的后头,并没有跟着一句"自强的同时,要对老婆、孩子好"。女人厚德载物,宽容一切,可得利的却不一定是自己。至于把丈夫不成功、孩子不优秀的这个"锅"甩给女人,那更是男权社会的惯常做法了。

毕竟是熟人,日后在商海中还需要他的关照,我觉得完全没必要因为观点对立而得罪他,但我又不想附和他的观点,于是,我蹦出了一句:"是的,男人是天,女人是地,但现在啊,天不值钱,地值钱。地可以卖出天价,天反而卖不出天价,有价无市。哎呀,我是开玩笑啦，你别往心里去。"

我相信很多女性都听过类似这样的规劝，在这些人眼里，我们生来就不可能是"主角"，而是服务和成全家中男性的"花边"。

想来，我们这个社会的女性，之所以存在一些自卑感、不配得感，也是因为长期以来整个社会氛围就不鼓励女性成为主角、追求自我，而是强调她们要顾全大局、乐于奉献。

在我们的传统观念里，女性甘愿牺牲总是被视为妇女的美德。丈夫死后，女人终身不嫁，抱着贞节牌坊过日子，是"美德"。一辈子在家庭里免费伺候完老的再伺候小的，名下却没有一分钱财产，也是"美德"；甚至于在某些地方，女人做好一大桌饭菜后端上桌，自己不能入席，也是"美德"。

更可悲的是，男性则无须遵守这些"美德"。最可悲的是，上一代很多女性也视这些"妇德"为"美德"，并告诫女儿遵守。当然，这也不能完全怪她们，因为当身边的人都在这样做的时候，而你反抗这套规则和风俗，你就会成为"众矢之的"。

为什么有的男人希望女人遵守传统妇德，甚至希望重回"女人对男人三从四德"的封建社会呢？因为只有在更平等、文明的社会里，女性的智慧和力量才能发挥更大的作用。女性力量的崛起，让他们感到恐惧。他们害怕自己的既得利益会被成长起来的女性一点点蚕食，才会不遗余力地打压和贬低女性，试图拉着所有人回到过去，回到"对女性不够文明、不够平等但让他横着走"的旧秩序中去。

我只想告诉关注我的年轻女性：不要听从这些看起来有理有据

第3章　执行逻辑：活出实践性，用超强的行动突破难题

但字里行间全是暗坑的胡话。女性也要强势，有资源就争取，有机会就上，有金钱就赚（当然是在合理的范畴内），遇渣男就甩。长在身上的本事、无惧风浪的底气、敢打敢拼的魄力、勇往直前的实力……这些才是你在家庭中、在社会上的立足之本。

拥有这些，远远好过你刻意放低姿态，用"让、等、靠、要"的方式向"当家的"去申请你应得的。社会的一些既得利益者早就明白了这一点，才单独为女性发明了一套"女德"来规训女人呢。

（三）

前段时间，被各网友痛批的"PUA（Pick-up Artist）学"，就深谙这一套。

PUA 的原意为"搭讪艺术家"，原指男性通过学习实践不断自我完善情商的行为，后泛指会吸引异性、让异性着迷的人及其相关行为。近年来，PUA 变味为在网上学习交流如何榨取女性、歧视女性、物化女性。

擅长 PUA 学的男生在跟女人交往后，会动不动就挑女孩子的刺，时不时就借题发挥，对女人的自尊进行贬低打压。

比如，你长得不够美、身材不够好、家庭条件不够好、学历不够高或是身体毛发有点重、身体哪个部位有一颗痣……他可能就会说"只有我才不嫌弃你"。又或者，仅仅是因为你约会迟到，他就上纲上线说你"没有时间观念，你这种人在职场上一辈子没出息，

也只有我才会这么好心提醒你"。

这些话听起来都好贴心哦,但实际上就是砒霜。

在这种关系中,你永远是被评判、被打分的角色,你永远在解释、证明"我不是这样的",而对方质疑你、贬低你、打压你,只需要说几句话就够了。

长期身处这种关系中,你的自尊会被碾压,甚至可能会觉得对方说得对。而在自尊不断被打压的情况下,你很容易会对那些对你示好的人产生好感。

当对方完全取得了对你的评价权、打分权,他就可以阴晴不定、喜怒无常。今天给你一棒子,明天给你一颗糖。对方的这种态度,会让你忐忑不安,而他气定神闲地利用你这种不安对你进行精神控制。时间久了,你就像吸食毒品一样,越来越离不开他,到最后,完全习惯他的控制。

女性不仅要经济独立,更要精神独立。而精神独立的第一步,就是要对那些包裹着糖衣的规劝,以及全方位对自尊的打压保持基本的警醒。

我想呼吁大家,要警惕每一个打压你、用"妇德"来规劝你但对自己却没有要求的人。

在我的前段婚姻里,每次跟前夫因为夜不归宿吵架,婆家几乎所有人以及前夫的哥们儿都在说我强势,说我管男人太严。这些声音带给前夫很强的声浪支援,也让他有恃无恐。

我双拳难敌四手,而且这中间也存在"信息不对称"(婆家不相信我说的话，而我那时不知道他经常凌晨三四点回家是去了哪里)，但我清楚地知道：这不是我的问题。在婚姻没有完全破裂的阶段(孕期)，我和婆家也曾为争夺对前夫的感化权，展开了拉锯战。

前夫一会儿觉得我说得有理，一会儿觉得另一方说得有理，最终还是倒向了另一方——因为这更迎合他的本性，更符合他的利益。

现在想来，我觉得自己最值得称道的一点就是：在几乎以一敌十、孤立无援的舆论环境下，我没有被同化，而是坚定地捍卫了自己的价值观。

精神上的强大，在我的理解里，就是——你要能建立一套不轻易受他人影响的价值观，并且坚决贯彻执行它。哪怕周遭都是反对你、贬低你的声音，你也能把这套价值观坚持到底。

我真的觉得这是比婚姻本身更重要的事情，也是"我们之所以成为自己而不是别人"的关键，它是支撑你走下去、战胜困难的精神内核。

丢了这个，你就丢了自己，这比丢了婚姻还可怕。我们都是靠这种精神内核支撑自己走下去的，不然你很容易变成别人的附庸。

丧失主体性的人生，在我看来才是人生最大的灾难。

（四）

一个男人想要拿各种理论、舆论来给女人洗脑，简直太容易了。各类"妇德""荡妇羞辱""贤妻良母牌坊"等等说法，他们信手拈来。而女性想要反洗脑，却非常难。

男人给女人洗脑，如顺水推舟；而女人想反抗洗脑，则如逆水行舟。在很多时候，河流是向男人的方向流的，这是客观事实。

你得非常有悟性、有定力，有时候还得吃过亏、摔过跤，才有可能会对自己从小接受的那一套价值体系产生怀疑。之后，再颤巍巍地按照自己认为对的方式走出去，一路上要迎接不知道多少流言蜚语，才能慢慢强大、觉醒、思想独立。

我们现在，也还是会听到一些打着"为你好"的名义给你施加压力的打压话术，比如：

"女孩子嘛，对工作不必那么拼，嫁个男人回家相夫教子多好啊。"

"你得学会化妆打扮，不然你男人带一个黄脸婆出去，会没面子的。"

"女孩子第一次去婆家，当然要下厨洗碗啊，这样才能给公婆留下好印象。"

我后来是怎么破除这些话术中隐藏的双重标准的？答案是：把所有类似的观点中的男女性别对调一下。

"男孩子嘛，对工作不必那么拼，娶个老婆回家吃软饭，多好啊。"

"你得注重穿着打扮，不然你的女人带你这样一个黄脸公出去，会没面子的。"

"男孩子第一次去丈母家，当然要下田耕地啊，这样才能给岳父母留下好印象。"

如果将性别对调之后,这些话让你听起来有点怪异,那么,不用怀疑,之前你听到的,就是只用来要求女性的。

因此,所有不是用来要求"人",而是用来要求"女性"的社会行为规范,都可以把它踹到垃圾桶里去。

有的道德是用来约束全人类的,是生而为人(不管是男是女)都应遵守的基本规范。而有的道德只是用来规劝女性的。

作为女性,应该培养一种思想自觉:别人越是打压你、贬低你,你越是要对着对方喊"我和你是平等的,你凭什么高高在上当我的评委"?而且,你要永远相信自己配得起更好的一切。

作为女性,我们真的要学会远离那些打压你、消耗你的人,并将那些消耗你的负能量掐死在萌芽中。

04
不做伴侣的"差评师"

（一）

静秋和她的丈夫分居了。两人已经有了两个孩子，她带着女儿离开了那个家，在外面租了一套房子。

她和我说："孩子爸爸还想为了孩子凑合着过下去，可人生本来就已经很苦，我不想再那么不开心地过下去了。以前我也想着为孩子凑合下，可现在，我发现孩子的适应能力比我想象中的要强。你那本儿童绘本《妈妈家，爸爸家》，孩子很喜欢。"

听到这样的消息，我也觉得难过。我认识静秋多年，了解她和丈夫是如何相遇，又是如何一步步走到今天的。

两人上大学时就认识，但在各自上了研究生以后才开始谈恋爱。

那会儿，她和他都结束了一段不被看好的恋情，或许是同病相怜，或许是惺惺相惜，或许仅仅是因为寂寞，两个人开始通信，再后来，就自然而然发展为恋人。

一个在上海，一个在深圳，两人半个学期才见一次面，偶尔也会在电话里吵架。我都想不到，这段异地恋居然能修成正果。

他早她一年毕业，一毕业就进入了深圳一家互联网公司；她跟随他，从上海来到深圳。毕业两年后，两人集两家人之力在深圳买了一套房子，顺理成章地结婚生子。

静秋特别喜欢孩子，简直到了母爱泛滥的程度。生了大宝之后，她还想要二宝。她丈夫觉得现在养个孩子压力很大，不大同意，但经不过她的软磨硬泡，后来又生了二宝。

上次静秋来广州，跟我小聊了一阵，我才知道他们夫妻的感情早就出现了问题。静秋那时就已经有了离婚之意，说她实在不想再过没完没了被丈夫挑剔的生活了。

她说："不管我做什么，他都可以找出我做得不到位的地方。每天，我都要承受来自他的差评。到后来，我只有'左耳进，右耳出'，才能屏蔽他给我的负能量，才能忍住不和他吵起来。"

沉默了一阵，她又说："这段婚姻走到这一步，我也有自己的问题。如果换他来讲这个故事，可能又是另外一个版本。他究竟怎么看待我，我已经不再在乎，但是，家庭本该是放松身心的地方，我没办法天天承受家人的评判，所以，我要离开。我们的婚姻，没有出轨等狗血剧情，我们的家庭经济状况没有恶化，婆媳之间的矛盾也没有严重到不可调和,但一段婚姻要散架,一方攒够了失望,也就够了。"

(二)

静秋的婚姻究竟是如何走到这一步的,估计只有当事人知道,但她说的话,还是带给我很多思考。

现实生活中,很多夫妻的感情,就是毁于一次又一次的差评。

有一回,我到朋友晓霞的家里做客,发现她就是典型的"差评师"。

晓霞的丈夫是"二十四孝"好丈夫和好奶爸。每天一下班回到家里,就开始做饭、洗碗、拖地,陪孩子玩。

我和朋友去的那天,她丈夫也勤快得像只小蜜蜂似的,给我们端茶倒水削水果,还带着孩子去书房玩玩具,不让孩子的吵闹声打扰到我们说话。

晓霞则瘫在沙发上,边敷着面膜边跟我们聊天。她丈夫则把水果端上来,她就挑剔说:"你这水果洗干净了吗?还有这苹果是这样切的吗?牙签也不插在上面,我们用手拿着吃啊?"

后来,她站起身来去垃圾桶丢面膜纸,不料却在垃圾桶里发现一整盒完好的蜡笔。她拿起那盒蜡笔就去质问丈夫:"你瞎了啊,看不到小孩把蜡笔都扔了吗?"

看到这一幕,我有些愕然。我问晓霞:"你平时都这么跟他说

第3章 执行逻辑：活出实践性，用超强的行动突破难题

话吗？"

她说："是啊，好多次小孩把还能用的东西扔垃圾桶里，他也不捡，不是第一次了。"

我说："那你捡起来不也是一样吗？这种事，好好跟小孩说就行了。大人照看小孩，总有照看不周的时候。"

晓霞白了我一眼："你到底是谁的朋友啊？"

我后来跟晓霞绝交，也是因为受不了她那种习惯于给别人差评的作风。一群人出去玩，本来大家心情都挺好的，可是她总是抓住一些细节不放：指责A爬山的时候没有等她，指责B在饭桌上忘记给她倒开水。

她人其实并不坏，也够热心，但挑剔起别人来总是没完没了，甚至有时候我找她吃饭，她都能把我从头批到脚——衣服搭配不合适啦，鞋子不好看啦，发型太随意之类的。

我不知道她现在跟她丈夫相处得如何，但每次想到以前我劝她"别老挑剔你丈夫"时她曾傲慢地回复了一句"他那么窝囊，不骂怎么行"，就觉得这段婚姻的走向不乐观。

有些妻子责骂丈夫的那个劲儿，我确实也有点看不下去。

丈夫开车，她一直坐在副驾驶唠叨，指责她丈夫车技不行、不认路、不熟交规。丈夫做个菜，她又进厨房唠叨，说她丈夫洗菜不干净、不会切菜、做菜费油。丈夫带孩子，她又说她丈夫糙、不讲卫生，非得让丈夫用她认为正确的方式带孩子。

夫妻俩收入差不多，对家庭的经济贡献也差不多，可这些妻子

实在是太爱说教，太爱给丈夫差评了。她说教越多、贬损越多，丈夫就越沉默、越不爱参与家务和育儿，这会让她更加唠叨，甚至歇斯底里。

（三）

生活中，谁愿意跟一个"差评师"相处呢？

妻子某天穿了一条短裙出门，丈夫看了一眼后，直接说："换一条！不然你别跟我走一起。"

听到这种话，妻子的心情能好？

丈夫某天自告奋勇做了一顿饭，妻子尝了一口，然后皱着眉头说"你厨艺怎么这么差"，甚至当着丈夫面把饭菜倒掉，丈夫下回还有动力再下厨？

很多人挑剔伴侣，几乎已成一种本能。他们看伴侣，怎么看都不顺眼、不满意，所以总要想办法打击伴侣的自尊，维持自己的优越感。

心理学上说，挑剔别人其实也隐藏了一个人对自己的生活、命运和生存能力的不满，因为他不满意自己，无法实现自己想要的，连带着也对身边的人不满。又或者，当他们看到了别人有的优势自己不具备时，就会感到自卑，于是就采取挑刺的方式，来取得对他人心理上的优势，并以此获得点虚弱的自信。

有时候，我们挑剔别人，倒不是别人确实有多讨厌，可能是因

第3章 执行逻辑：活出实践性，用超强的行动突破难题

为我们在别人身上发现了自己与之相似却不愿意承认和接纳的那部分品性。

表面上看来，我们是在挑剔别人身上的这种那种毛病，但潜意识层面是怕自己也有这种毛病。所以从某种意义上来讲，挑剔别人是现象，对自我无法完全持肯定和接纳态度才是本质。

说白了，经常挑剔别人过错的人可能内心不够充盈，或是具有强烈的自卑感，他们在挑剔别人的瞬间，也是想找回某种自尊，以体现自我价值。

人和人相处最忌傲慢，忌居高临下。喜欢给别人差评的人，拥有的是上帝视角，自以为高人一等，可以对别人品头论足，殊不知这暴露出的只是自己内心的自卑和虚弱。

真正自信的人，是平视别人的。不把自己太当回事，也尊重别人的存在感和价值观。

如果你足够自信，就会相信：不管遇到什么情况，自己都能解决；即使暂时解决不了，自己也能接纳。世界上总会有路可走，而人生必然是有遗憾和残缺的。我们自己不是完人，伴侣也不是。明白了这一点，就更懂得体谅他人。

别人身上的缺点，我们能忍受就忍忍，不能忍受就暂时离开。相比我们的宝贵时间、不被破坏的好心情，那些芝麻蒜皮的小缺憾并不重要。与其跟别人较劲，不如把时间、精力花在自己身上，让自己做到更好。

在生活中，我们很多人最需要去学习的一件事，就是奉行不挑

剔主义，不随意做别人的"差评师"。

在一些非原则性的问题上，我们真该结束无意义的对抗、争夺、抵制，好好感受这个世界，好好体会自己的人生，把更多的精力放在完善自己而不是挑剔别人上。

如果你正在忍受一个不断给出差评的伴侣，又该怎么办呢？我建议你及时反击或是远离。最好能将对方习惯性给你差评的行为掐死在萌芽状态；如果反击无效，那就尝试远离。

我亲眼看到一些人在不断承受伴侣差评的过程中，失去再创生活的动力。在无数个与伴侣相处的细节中，伴侣不断打击 TA 们的自信和自尊，让 TA 们产生无尽的沮丧感、绝望感、自我否定感。

当这种沮丧、绝望、自我否定久而久之变成了习惯，TA 们就真的认为自己这一辈子只配在泥潭里待着了。

这种时候，被打压的人应当怎么做？接受打压？拿出对方制造的镜子自我观照、自我改造？不！正确答案是别跟对方废话，最好能"反制裁"，毁掉他们的"迷之自信"。

05
不散伙的婚姻，靠的就是"供需平衡"

（一）

一个网友，一次又一次地原谅丈夫出轨。她的丈夫没钱没势，对她没啥助力，但是有一个非常突出的优点：嘴甜。

她从小特别自卑，对于赞美自己的话几乎毫无抵抗力。她之所以一次又一次地当圣母，是因为享受这种当圣母的感觉，享受丈夫在回归家庭后说的那句"还是你好"。丈夫能提供给她的这种情绪价值，就是她的核心需求。

不得不说，每一桩婚姻中当事人对伴侣的核心需求是不同的。

有的人的核心需求是伴侣能给自己金钱、资源、地位、权势，因此，不管伴侣做出多少伤害自己的事情，TA都愿意承受，而且承受得心甘情愿。

你看 TA 的伴侣在外面花天酒地，抑或是一言不合就打 TA，TA 身边也有无数人劝 TA 离婚，但 TA 就是不离……你以为 TA 真的那么傻？大概率上，TA 只是觉得伴侣的行为没有毁掉自己的核心需求，伴侣对自己依然"有用"。

每个人的核心利益是不同的：有人最在乎的是配偶最爱的人是不是自己，有人最在乎的是配偶提供给自己的生活条件……伴侣的行为没伤及你的核心诉求，婚姻就可以持续。伤及了，那就玩完。

就拿我自己来说，我对伴侣的核心需求不是对方给我多少经济上、事业上、生活上的助力，而是"他是不是把我当成最好的朋友"。如果他满足不了我的这一核心需求，反而欺我瞒我骗我，那么，不管他平时其他事做得多么好，但若是伤及了我这一核心利益，我就会对他"一票否决"。

婚姻这事儿，向来都是"你之蜜糖，我之砒霜"。我认为我那样的婚姻非离不可，但必定有人认为"还能凑合"。

（二）

每一对伴侣，能在一起总有它的理由。外人觉得他们不对、不配，一点用没有，当事人自己的感受最重要。

每对夫妻都有自己的相处方式，而这种方式未必为外人所熟知。你只看到一个丈夫在公众场合训斥妻子，却不知道也许他在遇到危险时,第一反应是保护妻子的安全。

你只看到一个妻子吐槽丈夫不爱做家务,却不知道也许这位丈夫陪伴孩子时尽心尽力。

你只看到一个女人原谅丈夫的出轨,却不知道她把丈夫当成了提款机。

你只看到一个女人在外面唯唯诺诺,胆小怕事,但她对待丈夫和孩子却细心体贴。

…………

只要伴侣还能满足我们的核心需求,这样的关系一般都断不了。相反,若是对方在人前把妻子或丈夫这个角色做得尽善尽美,在家里却无法再满足对方的核心需求,这样的关系迟早会结束。

之前,某钢琴家因为在机场不帮妻子提行李,引来网友猜疑:你看,他根本不体谅妻子,估计在家里就一个甩手掌柜。

这个批评看得我目瞪口呆:当事人到底是否体谅妻子,自己和妻子说了不算,旁观者说了才算?

婚姻从来都是"一个愿打一个愿挨"的事情。它的存续,取决于两个人在日常相处过程中积累下来多少真感情,对方能否满足自己的核心需求。至于某个相处细节,真不该被刻意放大。

婚恋关系作为一种人际关系,其实也是存在利益博弈的。一番博弈之后,大家总能找到平衡点。

而在婚姻中,你的优势也可以成为你的筹码。

比如,一些人在婚姻中被出轨后,依然选择忍气吞声,就是因为在家庭经济中不占优势，吃人嘴软、拿人手短。TA 的伴侣在经济上占的优势，就是一种筹码。

体力优势也能带来地位优势。在婚姻中，有人用它来承担家庭中的体力活、保护自己爱的人，有人则用它来惩罚"打不赢自己的家人"。

类似，良好的品行、健康的身体，在婚姻中都可能是优势。

（三）

我经常会在后台收到很多网友的私信，满是对对方的控诉，比如控诉男人出轨、家暴、"妈宝"、吃软饭等等，但如果你劝她"离开他吧"，她又能找出一大堆理由来，说"他虽然这样，但很多时候对我也挺好的"。

听到这句话，我就闭嘴了，因为我知道，当事人其实正处在一种相对比较平衡的关系之中，她并不想亲手打破这份平衡。而这种平衡点，可能藏在我不知道的地方。

我从来不认为这世界上有固若金汤的婚姻，因为人生是动态的，世界是动态的，那么，由人组成的婚姻也必定也是动态的。

决定两个人能不能在一起的，是平衡。这种平衡点，或许在于经济，或许在于爱情，或许在于体力，或许在于智慧，或许在于其他。而我们想要在婚恋关系中获得主动权，一味地讨好或迎合对方是没用的，你只能维持自己的优势，然后，再看看自己"富余"的，是不是正好是对方"紧缺"的。

好的、长久的婚姻关系,说到底不过就是"供需平衡"而已。

而所谓经营婚姻的智慧,也不过就是敬畏变化,敬畏命运,筑好自己的水坝,雨水天时多囤点水,干旱时放出来用。

06
婚姻也是"天时地利人和"的迷信

（一）

宋慧乔和宋仲基离婚这天，闺蜜在微信上给我发来一个狂哭的表情。

她问我："男神和女神那么般配，可为什么还是不幸福？"

我说，女神没能跟男神长久地在一起，大概是因为男神本身也在高处，放不下姿态去迁就、包容站得和自己一样高甚至比自己更高的女神吧！大家都是"神"，那谁去当"人"呢？而婚恋关系中，最不需要的就是"神"。

女神和男神回到家里，都要褪去"神"的光环变成普通人。这时候，他们都需要拿出真实的自我跟对方相处，这才是真正考验人性和爱情的时候。

如果我们把男神或女神身上的光环都比喻成潮水，那么潮水退去，方能见到"真身"。时日久了，你爱的到底是伴侣的"真身"还是那个戴着光环的"神"，自然就见分晓。

我的一个女同学曾有过两段婚姻，第一段便是跟众人眼中的男神结的婚。那时，她是大学里的"系花"，男神是"系草"。两人家庭背景相似，颜值、身材都高出普通同学一大截，学习成绩也都属中上等水平。

"系花"和"系草"手牵手从图书馆走出来，总给人一种很登对之感。那时候，他们俩也沉浸在这种被周遭人艳羡的感觉之中，虚荣心得到了极大的满足。

毕业后，他们去到某一线城市工作。女方表达能力好、英语也不错，进入一家上市公司做销售；男方在技术方面有所长，进到一家民营公司做技术。

毕业一年多，双方父母不断催婚，同学们也不停询问他们到底啥时候结婚，两个人干脆就把证给领了。随后，为了节省房租，两人搬到了一起住。

真在一起过日子之后，他们俩几乎每天都在闹矛盾。

男方发现女方的很多生活习惯自己无法忍受。比如，女方每次出门都把自己打扮得光鲜亮丽，但回到家里，衣服、鞋子、包包乱丢，整个屋子杂乱不堪。如果他出差一两周，她竟然可以一两周都不清理垃圾桶。

女方则觉得，这不是什么大不了的事儿，她每两个星期请钟点工上门收拾一次，家里也就恢复干净、整洁了。

女方也忍受不了男方的消费习惯。比方说，周末她想搞点情调，就提出来去西餐厅吃一顿烛光晚餐。男方不大同意，他觉得现在两个人还在租房子住，最紧要的是先存钱买房。女方则觉得，钱不是省出来的，而是赚出来的，没必要太抠抠唆唆。

两个人时常为这些生活琐事吵得不可开交，加之因为两个人颜值都很高，在各自的公司里都从不缺异性缘。关系紧张时，他们各自跟异性同事走得稍微近一点，就很容易引起对方的误会，引发战火。

吵着吵着，男方那边干脆来真的了，和公司里一个其貌不扬的前台妹妹产生了感情。女方发现后，迫不及待提出了离婚。

两人离婚后，男方和公司里的前台妹妹结婚了。到现在，两人已经生了二胎，相处得挺和谐的。

女方呢，单身了两年，后来出去相亲，认识了一个经济条件还不错但长相比较普通的男生。一开始，她有点嫌弃男方颜值低，但在男方的真诚追求下，和他好了。我第一次看到男方照片时，也曾发出过"一朵鲜花插在了牛粪上"的感慨。

两人举办婚礼那天，我也去了。他们的婚纱照放在酒店门口，一个路过的阿姨端详了一会儿，很认真地跟我说："这男的，长得配不上这女的。"

我把这事儿当成笑话讲给女同学听，女同学回复："我们自己觉得合适就好。以前那个,你知道我说的谁,大家都说我们很般配,结果呢?你也看到了。"

女同学现任丈夫的性格,确实跟她很互补。她依旧是不爱收拾,但男方比较能包容她这一点。每逢有客人到访,两人就"突击收拾"一顿。

两人的消费观未必完全一致,但每次出现分歧,就用扔硬币的方式来决定这次听谁的。他们也会吵架,但夫妻俩都遵循"吵架不过夜"的原则,基本能做到"当天吵架,当晚讲和"。

如今,两人已经走过了"七年之痒",二胎都已经三岁多了。

(二)

女同学的故事,让我对"般配"这个词有了新的思考。

婚姻中的"般配",到底是外人眼中的"般配",还是我们自己认为的"般配"?

你长得漂亮,那结婚时就去找个帅的,这叫"颜值般配";你是富二代,那就得去找个官二代,大家实现资源的"强强联合";你是学霸,那就得跟"考神"联姻,人们会觉得你们生出来的孩子一定也智商超群。

校花配校草,男神配女神,王子配公主,大家闺秀配豪门才俊……这是大家认可的门当户对。人们都喜欢看这样的爱情童话,童话中的主角也接受着人们艳羡的目光。

可是，当我们慢慢长大，经历过充满波折的爱情和婚姻，遇到过形形色色的人，伤害过别人也被别人伤害后，我们会发现：所谓爱情，说到底不过就是"卤水点豆腐，一物降一物"。真正的般配，并不是表面上的门当户对，而是精神内核的趋同、两个灵魂的共振。

人都有慕强心理，很多人也很享受那种与伴侣外在条件匹配、进而被人艳羡的感觉，却忽视了两个人想要走得长久，最重要的还是要看心灵的契合度以及对这份缘分的珍惜度。

而且，光有这些也是远远不够的。

好的婚姻，是"天时地利人和的迷信"。所谓"天时"，是相遇的时间要刚刚好。一个非常稳重帅气的男人到了将近四十岁的年纪，遇上了同样成熟漂亮的御姐，成就了一段好姻缘。有人看了他们俩年轻时的照片后，感慨说："如果早十年前你们就遇到了，以你们俩当时的颜值，拍出来的婚纱照绝对能秒杀一众娱乐圈明星。"

女方淡定地说："如果我们十年前遇到彼此，那一定走不到一起去。那时，他轻狂，我高傲，都不会给对方机会。现在，我们都经历过生离死别，经历过失败和挫折，经历过失去，从而更懂珍惜，对生命充满敬畏，具备爱的能力，有勇气有担当，不拒绝成长……我们现在才遇到彼此，就是命运最好的安排。"

你看，爱得深，爱得早，不如爱得巧。

所谓"地利"，便是双方物理距离的远近以及各自的家庭条件和氛围，要能对这门婚姻形成助力。

我们都知道，维持异地恋是很难的。我们都是人，都会有脆弱的时候，都会面临诱惑。距离很多时候产生的不是"美"，而是重重"误会"。

另外，双方各自的原生家庭对这门婚姻也有很大的影响。现实生活中，也有很多婚姻毁于公婆和岳父岳母。

所谓"人和"，就是双方在价值观上匹配，性格能彼此相融，都有经营婚姻的意愿、智慧和能力。

曾经有人问我："两个人在一起，最重要的是什么？是性格、三观、性和谐还是外在条件的匹配？到底哪个最重要？"

我想了想，觉得这个问题的答案只有一个："想在一起。"

价值观、性格、经营婚姻的能力等相匹配，是好婚姻的充分条件，而"想在一起"是必要条件。如果你有不管走到哪里、不管发生什么事都不愿意放开对方的手的决心，那么，你们之间不管发生什么分歧、问题、矛盾，都能得到妥善解决。

很多事情，不是我们"没能力所以办不到"，而是"不想办才办不到"。每个人心中都有一个价值排序。有的人认为，"我赢"比较重要；也有人认为，"我们在一起"比较重要。如果夫妻双方都能有后一种觉悟，这样的婚姻便很难散伙，因为他们更能包容、更懂珍惜。

结婚时，大家都是奔着幸福去的，没有人能在婚前预知到后面的结果。结婚就跟买房似的，你只有住进房子里，才知道房子有什么问题，买房前的考察只是了解个大概。而不管怎样的房子，都会存在这样那样的问题，就看你怎么修缮了。当然了，有的房子，你再努力也修不好，有点外来的自然灾害，房子就塌了。

所以，你看，一桩好婚姻实在太需要各种因素成全了，不是靠某一方单方面的努力就可以。

好婚姻需要"天时、地利、人和"，但很少有人能把这些要素全部集合整齐。因此，它更像是一场"迷信"。

一切都像是命中注定。你会在那个路口遇见 TA，又会在另外一个路口跟 TA 分道扬镳。有时候，你付出了 80% 的努力，却只收获了 20% 的幸福甚至是 100% 的痛苦。

也正是因为一切不可控，我们才要学会接受无常。当发现两个人捆绑走下去不如一个人单飞更舒爽时，就要勇敢放手，拥抱海阔天空。

结婚要欢喜幸福，离婚也不用如丧考妣。婚姻只是人生的一个驿站，并不能从根本上决定我们的人生走向。

你要相信：一切都是命运最好的安排。

07
女孩们,别低估自己的自愈能力

（一）

"羊羊,我现在跟老公实在过不下去了,但是我不想离婚,怎么办？"

"我男朋友对我不好,但我害怕分手,分手太痛苦了。"

类似的求助数不胜数。她们的婚恋状态普遍是这样：离不了,但是也过不好。

她们当中有一大部分人在婚恋关系中处于相对比较被动的位置。情感上,伴侣已经对她们没什么感情,随便她们离不离,能不离当然最好,因为这并不妨碍他们的生活质量。在这些人眼里,老婆这个"物件"么,有总比没有的好。

可是，纵然伴侣对她们、对婚恋的态度已然如此，她们还是不想、不敢与伴侣分离，也总觉得伴侣对自己还有点感情。

论社会竞争力，她们似乎除了做家务、带孩子几乎一无所长，而且，因为受教育程度低，因待在伴侣身边受气最安全，分手的念头在她们的脑海里只敢一闪而过。求助时，她们的中心思想只有一句话：这样的婚恋关系让我痛不欲生，但我还是不想分手。

如果不是这些真实的鲜活案例，我真的很难想象怎么会有那么多的女人在婚恋关系里，底线那么低，或者，更确切地说，没底线。

人在经济上、心理上无法自立的时候，真的是可以忍耐很多事儿。她们大多已经习惯了伴侣的存在，习惯了被伤害，甚至产生了"习得性无助"心理。

心理学上，"习得性无助"的特征是：当一个人发现无论他如何努力，无论他干什么，都以失败而告终时，他就会觉得自己控制不了整个局面，于是，他的精神支柱就会瓦解，斗志也随之丧失。最终就会放弃所有努力，陷入绝望。

"习得性无助"在这类求助的女性身上，表现得也挺明显：她们潜意识里认为婚姻走到这一步，完全是自己的原因。也许是伴侣长期打压她们的自尊，使得她们逐渐相信甚至坚信自己是一个差劲的人，不配拥有更好的生活。

她们普遍认为：感情不幸的这种状态，是不可能被改变的。身处这种状态"我"很难受，但这就是"我"必须承受的宿命，逃不掉的。

第3章　执行逻辑：活出实践性，用超强的行动突破难题

此时，我能劝她们什么呢？如果她们自己不想站起来，那我们说什么都是轻飘飘的。她们自己都已经不相信事情有解决的办法，旁人给再多的心理支持又有什么用？

（二）

现实生活中，确实有很多人明明身处一段非常不健康的关系，依然无力挣脱。TA们不是不知道自己的行为就是饮鸩止渴，但依然任由自己沉沦。

我能理解她们不离婚的心理，但还是想劝她们对自己狠一把。原因很简单：所有的自救，都是从舍得对自己"狠"开始。

如何对自己"狠"？我想给大家提供五点粗浅的建议。

第一，结束一段糟糕的婚恋关系死不了人，也不是什么大不了的事。

很多时候，我们惧怕一个东西，并不是因为它真的可怕，而是因为我们把它想得很可怕。

这就像玩蹦极似的，你的身体完全符合蹦极的要求，可你光站在那么高的地方往下看就腿发软、发抖。你明知道自己跳下去不会有事，可你就是不敢，就是害怕。事实上，当你克服了这一层心理障碍，抱着"反正死不了"的心态纵身一跃，事后你会觉得：原来，蹦极也不过如此。

蹦极只是一项娱乐，我们可跳可不跳，但糟糕的婚恋状态却不

是，解决不了它，可能会影响你终生。糟糕的感情、恶劣的夫妻关系，会像魔鬼一般，吸食掉你仅剩的能量，让你坠入黑暗的深渊。

离个婚、分个手会死吗？不会的。还是那句话：很多事，是怕才难，不是难才怕。

第二，相信自己的自愈、自救能力。

我发现很多女性身处极其糟糕的婚姻多年后，很难再相信自己身上的力量。是啊，我们之所以恐惧一些人和事，是因为我们把它们看得太大而把自己看得太小。事实上，如果你强大了，无惧了，它们也就不算事儿了。

克服我们内心深处那些挥之不去的恐惧、走出阴影，不能指望任何人，只能靠自己，而每一场自我救赎都不可能是一件轻而易举的事。如果你在最深最黑暗的时候，经受过连皮带筋的撕裂和疼痛甚至是地狱般的折磨，就更容易走向新生。

第三，想要自救，要趁早。

这里有一个真实的案例。美国传奇登山家阿伦·洛斯顿于2003年4月在犹他州的峡谷探险时遇到意外。他的右臂被夹在石缝中无法动弹，他只好借由身体的力量靠在峡谷岩壁上。他以为有人会来救自己，就这样支撑了五天。五天之后，他带的水耗尽了。

没办法，他只好像是壁虎断尾一样断臂求生。他用小刀一寸寸地割断自己的手臂，成功从石头缝中逃脱，并忍着剧痛走了八公里，最后获救。抢救他的医生说：再晚一个小时获救的话，他就会因失血过多而不治。

也许是这个故事太发人深省了,导演丹尼·博伊尔根据这个真实故事拍摄了一部电影《127小时》。看电影的时候,我也在想:倘若登山者早一点放弃等"别人救助自己"的心理,敢于对自己开刀,又会怎样?

人都有爱惜自己的心理,不到万不得已舍不得对自己下狠手,可很多事情其实是这样的:你不早点止损,时间长了,可能会被暗黑能量完全吞噬,再产生不了自救的力量。

我们内心深处的恐惧和懦弱,就像是一条欺软怕硬的狗,你越是害怕,它越是跟着你。你若是敢于拿起武器直面它、挑战它,它就一溜烟跑了。

第四,我们不可能什么都想要。

不管是在职场中,还是在感情中,每个人都有面临困局的时候。这个时候我们往往有两个选择:要么坚持,要么放弃。坚持下去也许会受苦受气;放弃会更轻松,但也会失去一些机会。

大多数人都要面对这样的抉择,但你学会选择才能拥有更多。

第五,找对榜样,学着从小事开始慢慢培养自己的自信。

你可以找一个榜样,看看TA是怎样一步步从泥淖里爬出来,一步步洗干净身上的泥水,一步步走上岸,再一步步攀登上高处的。尝试着问问自己:我是不是也可以?

如果一开始你觉得眼前的境况对你而言太难了些,那你可以从小事做起,一点点培养自己的自信。每一个大的改变,都是从细微的小改变开始的。

如果你目前还暂时达不到一个让自己比较满意的状态，也不必着急。给自己多一点时间和耐心，像等待一颗种子发芽一般，等待自己的内生力慢慢生出来，慢慢强大。

尝试着先不纠结于情感问题，先不执着于马上解决问题，而是把精力放在积蓄能量和力量方面。等你成长到一定程度，你就会发现：那些曾经吓得你瑟瑟发抖的东西，也不过如此。

08
不信良心，只信制衡

（一）

去年，有个邻居在小区群里求助，问哪家有轮椅可以借用一下。他们家有人动完手术，要从医院接回来，但轮椅只会用到这一次，他们不想破费买。

我爸中风时，我花一千多元买了一个，用完以后一直在家闲置着。

我想帮帮他们，又不知道他们的底细，就跟他们提出来说：我家里有一个闲置的轮椅可以借你们，但因为我不认识你们，所以需要你们先支付三百元押金，轮椅还回来以后，押金退回。

对方同意了，上门拿了轮椅走了，一天后，又还了回来，我也退回了押金。他们不必花钱买轮椅，解了燃眉之急，我帮到了他们，也保障了自己的财产安全，皆大欢喜。

我爸不大同意我的做法，他认为我要么别借，要借就别搞这种让人感到硌硬的事情。

我说，我不相信人性，我只相信制衡。

街头遇到摔倒的老太太，我也会去扶，但我一定全程录像，不能为了帮助别人而让自己蒙受损失。

做人也好，做事也罢，我们不能只指望别人有良心，因为这世界并不是每个人的心都是"良"的。

如果你只指望别人有良心，很有可能最后你会"凉心"。

很多政治家，维持政治平衡，就是"不信良心，只信制衡"。

就拿乾隆皇帝来说，和珅是巨贪，他焉能不知？王杰是和珅的死对头，他再宠信和珅，也不会放弃王杰这枚牵制和珅的棋子。对乾隆来说，可能这也是一种为官智慧，让正邪双方在官场中形成一种制衡力量，以防大家价值观太过一致反而把矛头转过来对准自己。

乾隆不杀和珅，但把这个大礼送给了儿子嘉庆。嘉庆一上台就把和珅扳倒了，一来树立了威信，二来充盈了国库，一举两得。

我当然不喜欢这种玩弄权术的方式，甚至鄙视这种"官场厚黑学"，但很多时候也不得不承认，太极八卦图里的"黑中有白，白中有黑"确实展现了世界运转的一些真相。

（二）

我经常会收到这样的私信："老公出轨了，我到底要不要原谅他？我看原谅了老公出轨的某某女星现在也过得挺幸福的啊，希拉里也活得挺自在啊。"

老公出轨了，不管你是选择原谅还是离婚，都应该得到尊重。只是，我总觉得普通女性将自己代入公众人物的婚恋纠葛中去，有点不太合适。公众人物的婚恋，因为受关注度高，跟普通人还是不大相同。

以希拉里为例。面对克林顿的出轨，希拉里选择和他站在一起，因为她明白：只有和克林顿在一起，自己才能实现利益最大化，才有可能接近或实现自己的政治梦想。以她当时的处境来看，除了原谅别无选择。她和克林顿是同一根绳子上的蚂蚱，一荣俱荣，一损俱损。如果她一味让愤怒之火燃烧，讨伐打击出轨的克林顿，那么他的总统地位很有可能不保。

克林顿若是倒台了，希拉里的政治资源会蒙受损失，她的政治前途可能会被葬送。无论从哪方面来说，帮助克林顿度过危机和难关、保住总统地位，也就等于保住了两人的未来。希拉里不冲动行事，一切从长计议，对双方都有好处。

你与其说她是因为爱克林顿而选择了原谅，不如说她是为了给自己铺路。比起克林顿，比起这桩婚姻，她应该更在乎自己的政治前途。

同样的，一些女明星选择原谅老公，或许有情感因素，但更多的可能是为了保住现有的资源、利益、关注度不会大量流失，因为和丈夫捆绑在一起或可更快地实现她的职业梦想。

至于原谅之后双方能否重拾信任、重建感情，那是另外一回事了。但我相信一点：在驱动她们做出原谅决定的，绝不仅仅是感情。

从这个角度来讲，女明星的高调原谅和普通女人的低调原谅，完全不是一码事儿。女明星原谅了出轨老公，老公再敢出轨，会承受很大的舆论压力，几乎就没活路了。在这点上，普通女性还真是没啥制衡力的。

如果你做的是一份养不活全家的工作或者是一个在家里没什么话语权的家庭主妇，家里的收入来源几乎来自出轨的老公，你处处被动，面临老公出轨的处境，唯一能让你觉得可以利用的，便是"道德大棒"了。可一场已经出现裂缝的婚姻能否维系下去，靠的是道德么？显然不是，你对男方的制衡力实在太弱了。

（三）

女性在婚姻中能否掌握主动权，靠的并不是"道德大棒"，甚至不是形而上的"御夫智慧"，而是你对另一方的制衡力。而这些制衡力，就是你的底气、实力、退路。

感情关系之所以比较复杂，主要还是因为决定一段婚恋关系走向的，不仅仅有男女双方的感情，还有背后的社会关系、资源、经

第3章 执行逻辑：活出实践性，用超强的行动突破难题

济地位和利益。甚至有时这些东西，会决定情感关系中两个人的心理地位。

婚恋关系，说到底也是一种人际关系。好的婚恋，是男女双方均能在这段关系中找到一个满足自己需求的"点"，并且让双方的收益最佳化；在一起时全情投入、义无反顾，分开时明哲保身、全身而退。

你可以讲感情，但必须手握底气和实力，要有制衡别人的能量。任何时候，增强自己对别人的制衡力量，都比站在道德制高点上谴责别人更有用。

对工作如此，对感情如此，对其他事情也该如此。

第4章

成长逻辑：
活出发展性，
用长远的眼光看待人生

01
去他的人生赢家

(一)

二十几岁的时候,我也挺迷茫。

有好几年的时间,我都处在一种浑浑噩噩没有自我的状态。当我看到身边的朋友一个个都"醉"倒在成功和幸福里,而我还站在原地不知所措的时候,我经常会怀疑自己:"我是不是真的很差劲?"

从小,我们就被灌输女人要走一条"大多数人都要走的路":到了二十几岁得谈恋爱,不谈就变成"剩女"了;你的青春最值钱,赶紧趁年华正好,找个归宿,不然,过了这村就没这店了;到了三十来岁,至少得有老公、孩子、房子、车子,不然就不算是个"人生赢家";离婚是一件不好的事情,因此,痛快分开不如隐忍着、将就着。

没有人问你开不开心，但只要你不服从于这种大流，就要承受诸多来自外界的疑问。

于是，有多少人宁肯打肿脸充胖子、打碎牙齿和血吞，也要维持表面风光。

比如，我有个朋友跟老婆离婚六年了，到现在两人还尚未向外界公开这层关系。他做生意，每次应酬时需要女方出席撑场子，就按次给女方付演出费。

他说他很羡慕我，敢把农村出身、离婚这种事情向全世界昭告。

我反问他："这很难吗？我根本不觉得农村出身、离异身份可以成为被人嘲笑的理由。除非你认同一些人遵循的价值观，并且骨子里也觉得农村出身、离婚的人矮人一等。"

我说，失意是人生的一部分，就像死亡是人生的一部分一样。接受不了这一点的，都是"死要面子活受罪"。

（二）

一个做生意的姐姐，曾经找过我倾诉她的情感问题。

她自己的生意做得很好，每年赚个两三百万没问题，但就是这样一个看起来非常强大的女性，竟特别害怕离婚。

她老公开了一间灯饰店，但因为能力一般，生意也做得很一般。若是能力平庸但顾家也就罢了，可他偏不是这样的人。

第4章 成长逻辑：活出发展性，用长远的眼光看待人生

一直以来，他出轨不断，还经常对她家暴。若是他甩了小三，那还好，若是小三甩了他，他一回家就把气撒她身上，经常把她打得鼻青脸肿。

就这种够一般女人离婚几次的情节，她也不敢行动，原因仅仅是太爱面子。

她家庭出身良好，父亲在当地是个有头有脸的人物。她的父母认为离婚是一种羞耻，是人生污点，认为女儿若是离了婚，他们也会被人戳脊梁骨的。在这样的家庭长大，她自己也把面子看得比天大。

当年她和丈夫结婚，全县有头有脸的人物都出席了婚礼，他们俩被誉为"金童玉女""人间良配"。婚后，两人也经常以恩爱夫妻的面目示人，所有人提起她，都说她是"人生赢家"。

她的收入稳步上升，丈夫的生意却越来越差，她主动承担起养家的责任并尽力照顾丈夫的自尊，却依然无法阻止他的恶行。

大概是看准了她"死要面子活受罪"的特性，她的丈夫伤害起她来有恃无恐。当然，丈夫也知道她的底线是——不让外人看见，所以这么多年来将保密工作做得还不错，在该夫妻俩一起出席表演恩爱的场合，也配合有加。

她跟我说，这么多年来，她觉得自己都快憋出抑郁症了，但她还是迈不出离婚这一步。她自己也没办法想象，倘若她离婚了，那些想看她笑话的人会怎样看，她的父母会有什么样的反应，她的两个孩子会不会因此受歧视。

我说，你这婚姻不就像是《人民的名义》里高育良和吴惠芬的"隐离"么？

我跟她说，如果换我是她，应该会离婚。"人生赢家"的人设就那么重要么？人生本来就充满残缺，为啥我们不能安然去接受这种残缺，以更真实、自在、舒适的方式度过自己的余生？就拿我自己来说，我希望拥有能感受到的实实在在的温暖和幸福，而不是建立在利益、权力、面子基础上的"别人觉得你幸福"。

我说，每个人的时间都是有限的，把有限的时间和生命浪费在一段虚伪、无爱、互相利用的关系中并不值得。

我知道这些话说了等于没说，因为比起"里子"，她更爱"面子"。装"人生赢家"装太久，她自己也骑虎难下、积重难返。为了撑面子，她也把自己架在高台上下不来了。

这也算是一种沉没成本吧？让她亲手摧毁自己苦心孤诣塑造的"恩爱夫妻"形象，亲手卸下自己戴了一层又一层的面具，大概也很难受吧？

除非有外力掀掉盖在她那桩婚姻上的华丽绢纱，不然让她自己亲手去打破专门吹给别人看的肥皂泡，对她来说太难了。

（三）

一个读者曾经给我留言：一般从离婚阴影中走出来的人都会晒美食、晒旅游，显示自己走出来了，你却出了一本书专门谈离婚，

第4章 成长逻辑：活出发展性，用长远的眼光看待人生

而且全是些负面案例，好丧。

看到这句话，我笑得肚脐眼都起了双眼皮。原来离婚了之后晒美食、晒旅游就能显示自己走出来了？

晒美食、晒旅游只能显示当事人在吃美食、旅游且爱晒，除此之外还能显示出啥？我写一本书谈离婚，必然会提及一堆导致夫妻散场的原因，不然能聊啥？聊夫妻俩举案齐眉、白头到老？

先前说过，我不是主张不婚或不再婚。我主张的是，哪种生活让你过得舒坦，你就选哪种。这种舒坦，不是说所有时刻都感到舒坦，而是指"大概率""大部分""过得去"。每个人生命中都有缺憾，关键是看你怎么面对、看待和解释这些缺憾。

"自在又幸福的二人世界"是非常少的，即使有，也必有其他缺憾相伴。有人说，最幸福的婚姻都会有五百次想掐死对方的想法。即使是模范夫妻的婚姻，也不可能时时处处幸福。

某些缺憾，是生命中必有的，跟单身还是已婚没多大关系。每个人都希望自己出身好、貌美/够帅、多金、健康、名利双收、家庭幸福，但这可能吗？

在知道人生必有缺憾后，很多人选择了让内心更充盈的生活方式。比如，单身女性不想结婚，离异女性不再婚，或是与所爱之人共度一生都是可以的。这些选择无好坏、优劣之分，自己觉得自在，最重要。

我们追求的是平凡生活中的自在，而不是超凡生活中的完美。

就拿我自己来说，我骨子里觉得爱情和婚姻本质上不过就是一

场幻梦，人生本质上就是一场虚无。温暖和陪伴有，寒凉也有。

我以前曾因为生孩子时前夫不肯陪护而耿耿于怀，现在只觉得那也是段别样的经历。

世上有两件事是越努力越没用的，一是爱情，二是入睡。所以，在这方面我并不打算去努力，有机会我当然愿意尝试，没机会也不会怨天尤人。

（四）

时代发展到了今天，我们应该允许女性活成自己想要的样子。

你可以一直不结婚，一直拼事业；你也可以结婚生子，成为家庭主妇；你可以离婚，离婚后可以自己过，也可以带着孩子过，之后可以再婚，也可以不再婚；你可以有伴侣，也可以一直单着；你的事业可以潮起潮落，高峰时你可以自信飞扬，低谷时你只要能一直保持努力的姿态、豁达的心态，也能受人尊敬。

女性可以有各种类型的美，不一定非得丰乳肥臀水蛇腰，不一定非得盘靓条顺满眼温柔。整个社会，要学会欣赏女性不同的美，不同年龄的美。只要自己舒服、健康，什么样的体型和肤色都应该得到尊重。

女性的优秀也有多样性，不是只有"贤惠""温顺""守妇德"等品质才值得被追捧，"有野心""杀伐决断、雷厉风行""重事业""独立能干"等特质不该被视为洪水猛兽。

第 4 章 成长逻辑：活出发展性，用长远的眼光看待人生

我们不必活得像盆栽，按照社会给女人设定的一些标准来修剪自己；我们可以不必费尽心机去迎合和取悦他人，可以花多一点时间来取悦和欣赏自己。

不管你处于怎样的年龄，处于怎样的状态，只要你想开始新的生活，随时都可以。你不需要和别人一样，你可以活出不一样的姿态，而身边的人也可以欣赏你的这份独一无二。

人生而戴着无数枷锁，生活在条条框框之中。它们有些是保护我们的，促使我们成为一个更好的人，有些却是束缚我们的。

年轻的时候，我们更容易活在世俗的眼光之中，活在别人的价值体系中；后来的我们开始觉察出自我价值的宝贵，所以更愿意追求内心的自在和自由。对外界的眼光、世俗的条条框框在乎得少一些，我们的人生就更开阔一些、通透一些、自由一些。

从心所欲而不逾矩才是自由的最高境界。这个"矩"，就是法律和道德。

我们生活的主人是自己，是否感到幸福只有我们自己能评判。

就让我们不要强求成为别人眼中的"人生赢家"，只活出自己的喜乐吧。

02
不要恐惧被抛弃，我们都要学会抛弃恐惧

（一）

我曾经收到过这样一条私信："我跟老公是高中同学，但我们谈恋爱是大学毕业以后了。结婚以来，我们虽偶有吵闹但一直感情挺好。最近他变得不怎么理我，这两天突然很坚决地跟我说要离婚，斩钉截铁，没有一丝回旋余地。我们结婚已七年，我总觉得这两天跟做梦一样，人都糊涂了，这么多年的感情怎么就要被离婚了？我不想离婚，你有什么办法可以让我老公回心转意么？"

我理解这类女性的心理，在觉得"感情很好"时，她从未意识到关系中隐藏的危机，所以对方一提出来不想跟她过了，她自己就先蒙了，第一反应就是要挽回。

她不知道的是，这世界上最不值得挽回的，就是一颗决意要走的心。当一个人不愿意再和你在一起，你所做的每一分挽回努力，都是徒劳。

"我不想离婚，求挽回老公的方法"，跟"我不想离职，有什么办法能让老板回心转意"是一样的，本质上都是：你的存在对别人而言不再有价值。

可是，被老板炒了鱿鱼，我们大多数人会立马卷铺盖走人，还会丢下一句"此处不留爷，自有留爷处"。大家该解约解约，该赔钱赔钱，鲜有人会跑去求公司老板，说自己对公司很有感情，老板可不可以再给自己一次机会。

同样的事儿，放在婚姻中就不行了。太多人在该谈利益的时候谈感情，而感情是没法掰扯清楚的东西，若再牵涉上道德之类，就更是剪不断、理还乱。

事实上，两个人的婚姻，到了一个人坚决要离婚的这种地步时，这种挽回、纠缠、掩饰都不过是不甘心，而感情、道德、孩子、责任、协议等东西，不过就是表达不甘心的"道具"。

（二）

我躺在产床上准备生孩子的前夜，长期夜不归宿、已经有小半个月没回过家的前夫，来医院交了点费用后，就以"明天我要出差"为由弃我而去。那时候，我觉得被伴侣抛弃是一件很令人恐惧的事儿，可后来，我主动离了婚，再回想起以前的种种，心里早没了恐惧和怨恨。

某些回忆，对我而言就像是小时候看过的某场电影。你记得有这么个事儿，但它也就是个"事儿"。

刚认识时，前夫对我的好是真的；孕产期，他对我的坏也是真的。他后来只是不再愿意对我好了，其实也无可指摘。

我那时之所以觉得"受伤"，是因为我心里有"他应该怎样，不该怎样"的心理预设。若放下这种心理预设，我便可以自在许多。也就是说，其实我也有主动权，并不天然就是受害者。别人爱你，是情分；不爱你，也不是欠了你。

别人怎么样、按道理应该怎么样，其实跟我们与他人如何相处没有绝对的关系。一些世俗标准、道德标尺，只是"你给评评理"时用的，却无法左右感情关系。

你若是一直按照某种"应该或不应该"的标准来要求别人，失望、痛苦的反而是自己。你觉得对方应该给你一颗糖，岂料对方拿出来的是黄连，你可以拒绝接受。最不懂事的表现就是坐地哭闹，呼天抢地，问对方为啥不肯给你糖。

至于你是否给过对方糖，那是另外一回事了。情感中讲求的是互相付出，而不是等价交换。

人海茫茫，成为夫妻之前的两人原本就是陌生人。彼此给过糖，就已经是缘分。你得到过的糖，就是你的赚头。若是别人不再给你糖，你也不亏。如果你因此觉得痛苦，那你仔细想想：这种痛苦更多是别人给你的,还是你自己给自己的?

美好的回忆,记住挺好。痛苦的回忆,也不要忘掉。带着那些甜的回忆重新启程,那么,回望那段经历时,你的怨念会少许多,感恩会多很多。

不忘痛苦的经历,你才能"吃一堑长一智"。

也许在某些人眼里,这样的想法会有点"圣母"。可是,怀有这样的念头真不是便宜了别人,而是有助于你放下一切、放过自己呀!

坐地上咬牙切齿有什么用呢?人生苦短,我们都要只争朝夕地活,不要在无意义的事情上虚耗时间。

某天,我看到高晓松说的一句话:"如今我们老了,平凡得如同路边的树木,虽然不再呼喊奔跑,却默默生出许多根,记住许多事,刻下年轮,结出果实。偶有风过,回想起初来时世界的模样,每个人都会被原谅。"

我当时就被这话给戳中了。

每一段经历,都会长出"果实"。

我也时常在想:倘若当年我不当机立断离婚,也许今天的我依然被拖在一段僵死的婚姻关系里,还得花时间、精力去经营一份早已千疮百孔的感情,时不时还得跟前夫家人解释"我不是那样的人,你们误会我了"……这样真的很浪费生命。

得亏醒悟得早,决断得早,我才能成长为今天这个更好的自己。所有残酷的过往,事后看来也就是一场经历。有些事,如今看来虽不美好，却还是有价值的。

年少时，我们总希望别人可以帮我们补足自己的心理缺失；中年后，我们发现：原来，自己才是最好的治疗师，是自己生命裂痕的缝补师。

（三）

我一个朋友被查出癌症以后，她老公二话不说就离开了她，一方面是担心给她治病花掉太多的钱，另一方面是担心她没办法怀孕生子。

她一度无法接受这个残酷的现实，终日以泪洗面，感慨人性凉薄。

后来她也想通了。站在她前夫的立场来看这件事情，他好像也没什么错。两个人是闪婚，感情基础本就比较薄弱，婚后又因为婆媳不和等因素，婚姻本就不牢固。她生病这件事，不过是更坚定了对方的离婚决心。他只是不想让她一个人的"大难"，变成两个人的"大难"。

我常常在想：在情感中，我们说着不离不弃，很多时候只是希望别人对自己不离不弃吧？这就不难理解，为何我们总容易被那些不离不弃的故事感动，因为你在看这些故事的时候产生了代入感，把自己代入了遭遇不幸但身边人对自己不离不弃的那一方。

倘若角色互换，你成为去照顾、去关怀、去付出的那个人，也

第4章 成长逻辑：活出发展性，用长远的眼光看待人生

许就只会感慨命运给了你太多的磨难。

我就亲耳听一个伺候了瘫痪在床的老伴儿十几年的阿姨说："人们总在夸赞我对他的不离不弃，可坦白说，他死了以后，我反而觉得很解脱。"

不得不说，这也是一种人生实相。

在爱情里，我们都有想做好人的意愿，但光靠当好人根本无法维系一段复杂的感情，因为这是违背相互吸引的爱情规律的。

若是当初你看上的是对方的颜，而对方容颜不再了，你可能难掩内心的嫌弃；若当初你看上的是对方的钱，而对方破产了，你可能也没法骗自己接受TA的一穷二白；若你有一个儿女绕膝的梦想，而对方无法再跟你一起续写这个梦，这个问题就成了你的眼中钉、肉中刺……

你真正倾心的那个人，内心或许已随某起变故"死"去。这种心理变化，可能连你自己都不自知或不愿承认。

人生很多事情可以将就和凑合，唯独嫌弃一个人不行。

我们骗得了所有人，唯独骗不了自己的内心，甚至你骗得了自己，也骗不了自己的身体。感情本就不仅仅靠道义维持，不爱就是不爱。而爱的要件是什么呢？是有诱惑性和吸引力，是想付出、愿欣赏、肯珍惜、常感动、会同情，是希望了解、保护和成全。

感情中的"拯救者"是很少的，大多数人都是趋利避害的普通人。人性本就经不起考验，就连父母都有可能放弃救治自己的孩子，遑论半道上认识的恋人？那些现在看起来相处得很和谐的夫妻，真

摊上了"事儿",也未必经得起考验。

我们倡导同甘共苦,把"无论贫穷还是疾病,都对彼此不离不弃"写进婚礼誓词,就是因为这一点太难做到。也正是因为不离不弃太稀少、珍贵,人们才要极力赞扬、讴歌。

从某种意义上来说,遇到考验就彼此离弃,其实也是人生的常态。而安妮宝贝写过的这句话,或许可以警醒无数对爱情抱有极高幻想的女人:"并没有任何人可以永久地照顾爱惜另一个人,或为另一个人的黑暗处境托底。首先对方会变。其次对方会死。真正能够托底的,只能是自己洞明实相的心。女性只有在情爱中抛弃需索、依赖、脆弱、妄求的心境,才能享受到情感的珍贵。"

还是那句话:不要恐惧被抛弃,我们都要学会抛弃恐惧。

03
可以向往婚姻,但一定要有"离婚力"

(一)

我认识的一个女性朋友是个家庭主妇,多年来未外出工作过,自然也没啥收入来源。她的丈夫毕业于国内重点大学,年薪50万元,离婚前"刚巧"处于失业状态,且家里有三套房产都在其父母的名下。

离婚时,两人商定女儿的抚养权归女方,但双方因为财产分割问题谈不拢,闹上了法院。诉讼过程中,女方没有任何证据能证明男方父母名下的房产与男方的婚后收入有关。

最终,法院判决男方每个月支付抚养费600元;女方上诉,法院改判为每月1600元。法院的判决没有问题,女方就吃亏在没有证据支持她的主张。

可是，这 1600 元在她所在的城市养个孩子，就够几口吃的、穿的，想找个好点的地方住都很难。女方已离开职场多年，她离婚后面临的经济困境，我用脚趾头都能想到。

现实生活中，不是所有的家庭主妇都会遭遇上述困境，可一旦遇上了，离婚后的日子必定是很难过的。

有鉴于此，我觉得，家庭主妇也好，职场女性也罢，一旦走进婚姻，就必须保有"离婚力"。所谓"离婚力"，就是"离婚后也能过得不错的能力"。

没有人是奔着离婚去结婚的，但也要对此保持警醒，这一点不分男女。就像去炒股，你也得给自己设定好止损线，并想好相应的后路。

拥有"离婚力"，就是你给婚姻上了一层保险。

我们买车是为了出车祸吗？显然不是，是为了享受有车的便利，而我们给车买保险是为了应对万一的灾难。

拥有"离婚力"的人进入婚姻，不一定会一直幸福，但幸福的概率会增大。就像买车险的人不一定会因为买了车险而乱开车，但是，这至少说明 TA 是一个有保险意识的人，一个对行车安全有敬畏心的人。

放在婚姻这事儿上也一样。道理很简单：离了你，我依然能过得好，那么，我和你在一起的初衷就更纯粹，我不会在相处过程中一想到你要离开就患得患失。那么，我们两个人的相处姿态就更平等。

初衷相对纯粹 + 相处姿态更平等，两者都是婚姻幸福的基石。

（二）

一谈到"离婚力"，一定会有人说："哎呀呀，你看看，你都还没结婚就想到要离婚，这样的婚姻肯定不长久。你这个女人这么精明，处处想着要算计和提防男人，哪个男人敢要你。"

我从来没有美化过离婚，从来没觉得离婚是一件轻松无害的事，我一直强调的观点是：离婚是一种止损行为，是"两害相权取其轻"的选择。

人为什么要离婚？也是为了幸福，是因为"离婚让 TA 们感到更幸福"啊。而幸福，一定包含了远离痛苦。离婚，只不过是远离痛苦的做法之一。

1+1>2，是美好婚姻，值得追求。

1+1=2，是正常婚姻，可以凑合。

1+1<2，是劣质婚姻，必须止损。

我主张止损，不能被理解为我反婚反育。但是，我反对人们为了美化婚姻而夸大单身的危害。其实，两种状态各有利弊。

我只是提示大家"婚姻有风险，结婚需谨慎"以及"离婚止损没那么可怕"。就像炒股软件也会提醒你"炒股有风险，投资需谨慎"一样，它不是在反对你炒股。

在我来看，女性在婚恋中"精明"一点，努力提升自己"离婚力"，跟不善良或自私没有一毛钱的关系。

古往今来，一些男性一直都是这么做的，但他们把这个美化为"求偶实力"。有的男性鼓吹女性要善良、要大度、要善于照顾别人，主要指的是女性对丈夫善良、对丈夫大度、善于照顾丈夫。但很多时候，他们对自己可没有这种要求。不信你问问他们有几个愿意放弃工作回归家庭照顾老婆孩子的。他们当中绝大多数人可是要死死守住手头的那份工作，因为有了工作也就有了养家的能力。

一直以来，我们所在的社会对女性的一种教育就是：让她们安于做配角、花边、工具，并拿出一整套评价标准要求她们服务他人、以他人的幸福为自己的幸福，比如"贤良淑德"。可是，"贤良淑德"四字，只是用来要求女性的。

因此，我们必须觉察到这一点，并生出自主性，做自己生命里的主角，多为自己考虑一点。

过去，我们的舆论总是美化婚姻，"以王子和公主幸福地生活在一起"作为婚姻的开端和结局。我们总认为那些婚姻不幸福的只是少数，而自己一定是幸运的那一个。

在很长一段时间内，我们的媒体在宣传那种不按常规套路走的爱情故事时，总会有意无意地对故事进行美化、强化爱情的力量，却回避掉了那些现实、不堪的部分。

我上中学时，老在杂志、书籍上看到经过美化的中外恋、网恋，那些爱情，看上都特别美，令人心驰神往。

可是，那些故事呈现的并不是全部的真实信息。等我们长大以

第4章 成长逻辑：活出发展性，用长远的眼光看待人生

后才发现：那些故事不知道加了多少层滤镜。

这世界上，只要有恶人存在，就一定会有"恶爱情"和"恶婚姻"存在。女人可以追求爱情和婚姻，但切记不要恋爱脑，不要被爱情吹出来的肥皂泡迷惑了心智，更不要全盘相信那些美化过的传奇故事。

婚姻和创业一样也是存在风险的。对一些眼光和运气不那么好的人来说，婚姻甚至隐藏巨大的凶险。

（三）

你可以追求美好生活，但一定要具备最基本的风险意识。我们在做决定的时候，在开始一段新旅程之前，需要这么思考一下：想走这条路是吧？OK。但是，请想象一下走这条路最大的风险点在哪里。如果出现了这个风险点，你依然能为自己的选择兜底，那就勇敢去吧。如果不能，请三思。

比如，你想结婚，可以奔着"我要幸福"的目标去，但得给自己设置一个兜底线：万一不幸福，我是否离得起婚（自我底气层面）、离得成婚（国家政策层面）。

比如，你想生子，也可以奔着"我想要亲子乐趣"的目标去，但也得给自己设置一个兜底线：万一孩子爸爸不管孩子，我是否有能力独立把孩子抚养长大。

又比如，你想炒股，你当然可以奔着挣30%的收益去，但也

得给自己设置一个止损线：万一亏损了50%，这个后果我是否能承担。

还比如，你想创业，你当然希望公司盈利，但也得给自己设定一个风险防线：万一创业失败，我愿意为这个决定花多少钱买单。

这种思维，也可以运用到家庭关系中。如果我们在家庭中感受到被欺辱，我们是不是有底气去反抗？

如果你害怕失去，害怕撕破脸，害怕承担后果，那你的这种害怕，伤害你的人也会看出来。他们会看准你的害怕，变本加厉地欺辱你。

现实生活有温情脉脉的一面，也有凶残狰狞的一面，社会有时候也是一片残酷的丛林。在别人想"吃"你的时候，先不说你是否有能力反抗，至少你得有能力逃走。光是道德谴责是没有用的，某些人在做缺德事的时候，就没把道德放在眼里。

家庭也好，职场也罢，增强自我兜底能力，才是不被人欺辱的关键。

（四）

我觉得，任何人在面对婚恋这件事时，都应该"发上等愿，过中等日子，做最坏打算"，要"往好处择，往平处坐，向宽处行"。

"发上等愿"，意为：怀着最美好的初衷，与另一个人携手同行。

"过中等日子"，意为：不贪最多，不贪最好，合适的生活状态往往就是"比上不足，比下有余"。"上"的，你配不上。"下"

的，配不上你。知足常乐。

"做最坏打算"，意为：婚姻之路也存在风险，要给自己设置止损线。结得起婚，也离得起。牵得了手，也分得了家。拿得起，放得下，输得起。

"往好处择"，意为：择偶不将就。一定要找自己喜欢的，而不是世俗标准里大家觉得"合适的"。

"往平处坐"，意为：尽力追求平等互惠的关系。不攀附，不贬损。不搞霸权，也不"配合"别人搞霸权。

"往宽处行"，意为：哪天要是分道扬镳了，也要往宽处想、宽处走。这世上所有的缘分都是一段一段的，无须纠结永不永久。彼此陪伴走过一程，就是缘分。一别两宽，各生欢喜。

而"分手力""离婚力"，包含的就是物质上"做最坏打算"、精神上"向宽处行"的能力。

婚恋之路是一趟未知的路途，前方有霞光也有悬崖。向往它的同时，也必须敬畏它。

比起离婚，我觉得更可怕的是一颗害怕离婚的心。不怕离婚，不表示你不看重婚姻、把婚姻当儿戏。而是：当你真正从内心里不害怕离婚时，反而能主宰好自己和婚姻的命运。

不怕离婚，也意味着不怕承担各种可能的后果。我们免去了投鼠忌器的担忧，就不再畏首畏尾、委曲求全。

在这个心理基础上，你可以为赢得幸福婚姻而做各种无怨无悔的努力。因为不惧怕任何后果，所以你会勇敢地接受婚姻中存在的各种问题，可能也会因此产生更多的关于两性相处的角度和观念，然后，有针对性地解决现实问题。

决定一个人在婚姻中过得是否好的，并不是奉献和牺牲、妥协和忍耐多少，而是是否自信。

你知道自己拥有哪些价值，知道自己需要什么样的伴侣，想过怎样的婚姻生活，也知道自己能为这些追求付出什么，所以愿意为达成自己的生活理想而尽最大的努力。一旦你觉得得不偿失，你也可以及时止损，因为你无惧离婚，也承担得起失去的后果。

一旦对自己能承担的人生有信心，无常的命运就打不倒我们了。

说到底，我们所有的底气，都只能是自己挣来的。婚姻这条路上有繁华盛景，也有荆棘挫折，姑娘们一定不要放弃努力，保持积累的能力，保持自我兜底能力。即使踩了一脚狗屎，也可以云淡风轻地把鞋子一脱，继续往前狂奔。

别人怎么对待我们不重要。重要的是，我们要如何对待自己。

04
好好爱，也好好告别

（一）

一个男孩子前一分钟还请女友去餐馆吃了一顿饭，后一分钟走出了餐馆，就再也没回来。女孩想方设法找到他，问清楚了原因：他没有出什么意外，只是想跟女孩分手。

另外一个分手案例的主角，是一个男生。他的前女友也没有正儿八经跟他说分手，而是突然辞了职、从他家搬走，转头就嫁给了一个离异男士。

我还看到过一个单亲妈妈的吐槽。她说自己带着一个五岁的小男孩生活，离婚三年多，自己有房有车，小孩生父每个月给够抚养费。她对另一半的要求是：只要人品好，爱自己，接受自己的孩子，有份正当工作就可以，有没有房子、车子不重要。

后来，她在某婚恋网认识了同城的一个男士，对方条件还不错，是名公务员，有一套按揭房，也是三年前离婚并带一个七岁的女儿。

这位单亲妈妈一向对单亲爸爸很佩服，也觉得那个男士有责任心。两人在网上聊了一段时间就见面了，对彼此印象都还不错。之后一个多月，两人一直发展得很好，每天互打电话，还跟双方家里人都见了面。

平日里，两人聊的都是再婚后如何相处、怎么对待各自的孩子、婚后的日常安排之类的。这位单亲妈妈已经在快乐地构想类似电视剧《家有儿女》里的生活了，心想着以后要好好珍惜再婚生活，爱未来老公和平等对待两个小孩。

某个周末，这位单亲爸爸说他要回老家看看女儿，结果回去以后就像变了个人似的，对她的态度开始变冷淡。回来以后，对她又热络起来，之后又说自己要去外地培训十几天。

男人去培训后，就不主动给她发信息了。再往后，不管她怎么联系他，他都再也没有回复。她很担心他：是不是手机给人抢了啊？是不是出车祸了啊？是不是中暑进医院了啊？

她心里升起不好的预感，就登录婚恋网站看了看，发现男人的征婚页面状态已经改为"正在寻觅中"，而且他前一天刚刚登录过该网站，登录地图显示他就在离她三公里远的地方。最后，她才意识到：对方已经不想跟她继续了，但他采取的却是最自私的人间蒸发的分手方式。

第4章 成长逻辑：活出发展性，用长远的眼光看待人生

她有些恼羞成怒：不合适就分手，好好说清楚有那么难吗？难道我还会因为你的拒绝，就寻死觅活非要嫁给你吗？

我喜欢的一个女演员也有过类似的"被分手"经历：前一天跟男友还相处得好好的，男友还把她宠得找不着北，第二天男友就人间蒸发了。看她当年的访谈，我能想象得到她当时遭受了极大的心理创伤。这种创伤，一方面与分手本身有关，另一方面则与分手方式有关。

这种情境像是什么呢？两个人一起划船出游，对方大包大揽、搞定一切，把你宠得连船桨都不会碰。你也沉溺于这样的照顾和宠爱之中，以为可以幸福一辈子。后来，对方手酸了，不想再划船了，就趁你睡觉的时候逃离了这艘小船，上了另外一艘大船。等你醒来，对方人不见了，船也快翻了，你连划桨、游泳都还没学会，差点淹死在大海之中。

你好不容易从水中爬起来，然后去探究对方突然离开的原因，却沮丧地发现：原来对方想跟你分手已久。全世界的人都知道了，只有你一个人蒙在鼓里。

分手也是让你最后一个得到消息，说的就是这种情况。

这确实挺伤人的。

（二）

有的人对曾经的伴侣已经没有感情了，却又不愿意承担"主动

提分手"的罪名,就想出了"人间蒸发"这一招,还美其名曰:这是不愿意让对方遭受更大的伤害。

主动分手当然是你的权利,没人规定两个人一谈恋爱就要绑定在一起一辈子。一方还爱着,还想维系关系,另一方不爱了想分手,都是很正常的。不管是不是你的初衷,单方面提分手这个行为已经给对方构成了伤害,你能做的,就是把分手这事儿做得磊落些、体面些。

体面的、成熟的爱情,是需要好聚好散的。而所谓的好散,当然也包括好好告别。

你已经不爱对方了,却没勇气跟人家说分手,而是靠玩"人间蒸发"的方式逼人家放手,这算个什么事儿呢?只是分个手而已,又不是要去犯罪,有什么话不能好好说呢?

看到这里,很多人可能会辩解说:我就是担心跟TA提分手后,会被TA纠缠和恐吓,才悄无声息、拍拍屁股就走人的。

现实生活中,的确也存在这样的情况:一方提出分手,另一方纠缠不休。如果你提分手后,遭遇对方纠缠,那是对方的问题;可你连分手都不敢说清楚,那就是你的不对了。再说了,对方若是纠缠型人格,估计挖地三尺也能把你给找出来。你玩"人间蒸发",对这类人根本不奏效。更多的时候,你只会误伤到那些不屑纠缠你的人。

我们经常强调,要拥有爱的能力。

爱的能力,一般包括情绪管理能力、表达能力、共情能力、包容能力等等。这种能力，不仅仅包括如何跟别人建立情感、经营情感，还包括如何跟别人割裂情感。

也就是说，好好分手其实也是爱的能力中的一种。一个连分手都没法好好说的人，你能指望他有什么爱的能力呢？这类人连最起码的共情能力都没有。

表面看起来，那些连分手都是让对方最后得到消息的人，好像是有"好人强迫症"，但实际上他们并不一定想当好人。他们只是非常怯懦，连分手都不敢面对；他们只是非常自私，连分手都只为自己着想。

自己都已经想好要跟对方分手了，却不坦诚表达，而是任由对方去猜去想去痛苦，这何尝不是另外一种形式的欺骗？打着善良和爱的幌子的欺骗也是欺骗，而且在真相毕露的时候，更显残忍。

两个人之间走着走着就没有爱了，是再正常不过的事儿。即使对方不再是你的伴侣，TA也依然是一个"人"。即使你不爱TA了，依然要有对TA的基本尊重。

你去别人家里拜访或是在餐厅里约见个客户，临走之前还要跟人家打声招呼呢，这是最基本的礼貌。怎么到了情感关系中，这种礼貌就丧失了？

好好提分手的，多年以后被曾经的恋人想起，大概率上能得到一个还不错的评价：TA是一个好人，只是我们不合适。

连分手都是让对方最后一个得到消息的，除非恋人心大，不然多年以后想起你，估计也只想送你一个字：渣！

05
中年人只能遇山开路、见水搭桥

（一）

你已经将近四十岁，某天一大早起来，发现孩子照例不肯吃早餐，胡乱吃两小粒汤圆就去学校了。你已经尽力丰富早餐品类了，奈何人家就是愿意饿着，你摇了摇头，心想：不吃算了。

你想使用一下很久没用的吸尘器，问你身为农民的爸妈放在了哪儿，可他们没接触过，压根儿不明白吸尘器是什么，你只好打开手机，翻出图片，告诉他们："喏，就是这个。放在哪儿？"

你边拿出吸尘器边听父母抱怨："娃只听你的，我们说的话根本不听，中午回来午休，就把自己关房间里玩水晶泥，到点了再去上课。"

第4章 成长逻辑：活出发展性，用长远的眼光看待人生

你想到老师曾跟你反映娃下午上课精神不集中，心里升起一丝焦虑，随即又很快消失了。你心想：停留在纸面上的育儿理论，你已经门儿清，但别对自己太苛求了，时间和精力太有限，你真的管不过来。某些方面，你只能尽人事，其他的听天命。

去到公司，工作堆积成山，你需要一件一件把它们做完。大客户总是在"走流程"，总是要你催款，大部分时间你只能耐心等。过几天，你还得出趟差。

下班前，你在手机上看了一下体检报告，发现有好几个指标不大妙。于是，你马上在手机上下单了一个更灵敏的电子体重秤，但还是不大确定是否每天都能抽得出时间去运动。

下班回家，你跟大学同学聊天，大家聊起"人到中年"的感觉。

你的同学说，人到中年，是"前不见古人，后不见来者，天地之间就你一个人顶着"的感觉。

你说："人到中年，对我而言，是头顶盔帽、脚穿铁靴、背负行李和钢枪在热带丛林里穿行，但身体素质已经没办法承受这种强度拉练的感觉。"

而你上次跟同学聊天，已经是两年前了。

睡前，你督促小孩洗澡、上床、睡觉，再陪小孩看了一本绘本，总算把孩子哄睡着了。自己洗漱好一看时间，差不多已经是十一点半，却舍不得入睡，因为那是你一天之中唯一一点和自己相处的时间。

然后，你打开手机刷短视频，看到一个老人散步时不慎落水后

被消防员救起，你的眼眶就湿了。倒不是出于感动，而是目睹了人老以后面对不利处境的那种有心无力，你突然感到有点悲伤。

老人不想死，有强烈的求生意志，但是，他完全没办法靠自己的力量从水坑里爬上来。消防员只好把救生绳绑在他身上，像拉一件货物一般把他拉上岸。

你对自己说，都说"身体是革命的本钱"，可这种本钱能用多久呢？起初，我们都有本钱，后来，我们把精力花在防止它快速流失上。可是，谁拼得过时间？

（二）

二十出头的时候，你下班以后还跟女伴们一起去逛街。有时候地方很远，要转公交、地铁，而且一逛就是几个小时，但丝毫不觉得累。如今想来，你只会佩服自己那会儿的体力。现在的你，超怕逛街，事先列好要买的物品清单，速战速决，能网购就不再去挤商场。

那时候，你出去 K 歌，喜欢唱梁静茹的《亲亲》《大手牵小手》和范玮琪的《最重要的决定》、苏打绿的《相信》，后来你在 KTV 里唱《没那么简单》《终于等到你》《后来》，歌声里开始有苍凉之意。到现在我们 K 不动了，大多数时间觉得 KTV 太吵闹，只想安静沉默地坐着。

年轻时候，你听到电视剧《康熙王朝》主题曲《向天再借五百年》中那句"我真的还想再活五百年"，总想哈哈大笑："想做个

第4章 成长逻辑：活出发展性，用长远的眼光看待人生

老不死的妖怪啊。"人到中年，你明白歌里唱的这种心境了。很多事，不是没能力做，是没时间。一天只有24小时，除去吃喝拉撒睡，再除去陪伴家人的时间，可供我们用于创造价值的时间，变得非常少。

很多事，也不是不想做，是身体不答应。稍微坐久一点，颈椎、腰和尾椎骨就痛，眼睛就开始发花。想让身体感到舒服一点，你就必须停下来。

人到中年，你明显感觉身体各项机能在下降，做事效率在变低，记忆力在下降。你感觉自己就像是一块充电、放电太多次的手机电池，续航能力越来越差。沮丧的是，这电池一生仅此一块，可以保养但无法退换。你开始深刻地意识到，身体健康才是世间顶级的幸福。以前，这个道理你只是"知道"而已，现在是"懂了"。

除了身体机能下降，人到中年，你发现自己在情绪上也变得没那么爱计较了。

刚离婚那一年，每次在网上看到关于女人孕期情况的视频，再想想你挺着大肚子时遭受过的情感伤害，你还是会有点"意难平"。

现在？你只觉得孕期像是上辈子的事儿了，只觉得时间过得真快，只觉得孩子长得真快，只觉得钱不够花，只觉得纠结过往没意思，只觉得衰老像只猛虎一样远远地盯着你。

生孩子时丈夫没陪产的所谓伤痛，还比不上此时此刻蚊子咬你的那一口，你满脑子只会想着"空调只开了18℃，这只死蚊子为啥还不走"。

中年人是多么皮实而又健忘的动物啊！而且，你发现这不仅仅是你一个人的改变。二十出头的年纪，和你一起疯玩疯闹的姑娘们，如今已全部变成了"佛系熟女"。

她们不再轻易生气，懒得跟老公吵架、怄气、闹别扭。她们平日里宁愿做美容、做瑜伽、去健身房甚至提起菜刀杀鸡，也不愿意与老公掰扯对错，更不愿意在夜里伤心伤肺伤肝地哭。不是因为她们没气性了，而是力不从心了。

很多以前做起来易如反掌的事儿，现在全变成体力活了。跟老公怄气、吵架、离家出走？没那个体力，把体力省下来照顾孩子和老人吧。

深夜大哭半小时？太伤身体还浪费时间，哭完还得爬起来洗脸，懒得哭了。我们开始感觉到身体里各个零件在变得钝化，只好"省着点用自己"。所有的"意难平"，到最后都会演变为"算了"。

（三）

中年人的人生里，你发现有一个最重要的词，叫作：担当。

这是中年人的无奈，也是中年人最可爱、可敬之处。遇上个没担当的中年人，你总感觉人家气质猥琐。

你开始变得很爱钱，因为你发现，钱能解决生活中80%的难题。因此，到了"上有老、下有小"的年纪，你也不敢懈怠。有时候，头天熬夜写作，次日想多睡一会儿，但一听到客厅里的响动，你就自觉地爬起来了。

你爸妈看你一忙起来就顾不上吃饭,经常这么说你:"你是欠了很多债么?那么拼。"

你没说话,但心里已经有了潜台词:我已经自我革命,辞掉工作创业了。往后看,发现人生已经过了大半,想逆袭也没多少可能了;往前看,死亡似乎就在不远处等着,只是放不下的人和事太多,所以争取多拼一日算一日,只为自己将来不那么被动,同时也想为父母、为儿女挡点风雨,能挡一点是一点。

你开始惜命,以前坐过山车追求的是刺激,现在每次坐飞机心里都要祈祷航程平安。

你开始考虑善终问题,开始意识到:比起没钱,身体似乎更重要。身体健康的状态下,谁给你气受了,你还可以拔腿就走。若是病恹恹瘫痪在床上,别人不肯递水给你喝,你可能还得求人家……那可就太遭罪了。

"老去"像一匹脱缰的野马,拦不住。而人生就像一场考试,到点了就得交卷。交卷时,中国人讲究善始善终,可什么叫善终呢?

小的时候,听到村里人讲起哪个老人家头一天还下地干农活、第二天一早就过世了,心里只觉得恐惧。可现在,你却开始有点羡慕,心想一个人能在睡梦中死去,也算是人生某种福报了吧。

你觉得,过世、过身,都是"过"。用这个词来形容死亡,可真贴切啊。钱也好,物也好,都只是"流过"我们而已。而我们,不过只是"流过"世界、"流过"时间而已。身体也只是我们的渡桥，而我们只是路过一下世界而已。人到中年，只想爱护好这具皮囊。毕竟，你还要靠它过桥呢。

因此，你现在最大的人生梦想是：平安健康，然后，站着把钱挣了。

你觉得，只要身体在，生命就在，我们存在于世的根本依托就在。你希望全家人都平安健康，如果兜里能多一点钱，就更好了。

（四）

人到中年，你每天都要面对一些失控感。你会发现，不听你使唤的东西多了去了。一开始是孩子，后来可能是自己的身体。

面对家里两个有点跟不上时代但又不听劝的老人，一个半大不大、半懂事不懂事的孩子，想着有点沉重的经济压力，看着一个根本看不清模样的未来，你也很想骂娘。可是，当你看看身边和你一样的人，好像也没几个过得轻松的，也就不好意思再骂了。

他们当中，有人被查出癌症，有人父母去世，有人孩子患上白血病，有人丢了工作，有人摘除了乳腺和子宫，有人已经去世了。

当然，也有人一飞冲天，有人金榜题名，有人升官发财，有人名利双收，有人生了龙凤胎，有人幸福得发晕……至少看起来是。

只是，你也知道，光鲜的只是他们在舞台上的样子。背地里，他们也在付出代价。

赚了钱的，连日的应酬把自己喝出了脂肪肝；升了职的，天天熬夜写方案，熬夜熬得都快秃顶了；升了官的，大周末的时光都花去陪领导钓鱼了，家里老婆、孩子、老人根本见不着他的影儿，他上次回家吃晚饭可能还是一个月前。

人到中年，生活就像是一场"打地鼠"游戏，哪里冒出来幺蛾子，你就扑向哪里。大家境遇有差别，但真没有谁过得特别容易。那些现在春风得意马蹄疾的，过几年可能又开始不如意了。

二十来岁的时候，你总喜欢给未来画个蓝图：三年内，我要这样；五年内，我要那样；十年内，我一定要成为怎样怎样的人。可到了三十几岁以后，你开始明白：人生很多事的成与败，与机缘有很大的关系。你当然可以做规划，但大部分的时间里，我们只要踏踏实实走好每一步，"尽人事、听天命"就好。

成功和失败，幸福和痛苦，很多时候来得猝不及防，就像你走在路上，天上可能会掉下来一朵鲜花，也有可能掉下来一坨狗屎，它不偏不倚正好砸你头上。而你现在能做的，只是尽量遏制住自己控制别人和自我责备的欲望。

你改变不了他人，至少还能控制自己。遇到做得不好的事情，也不必过分自责，下次注意改进，其他的听天由命随它去吧。

想想真是啊，人到中年，哪有那么多的岁月静好？不过都是靠死撑。你只能遇山开路、见水搭桥。

你终于明白：过去不可忆，未来不可追。唯有当下，是最值得把握的。自己的身体、家人、钱包等等，你会照顾好。如果还有余力，就去读读诗，背着行囊去看看远方。也许不会有太多美好的事情发生，也许未来的路还是很黑，但是，有什么关系呢？你已经学会了为自己和别人点一盏灯。

别赶路，去感受路！向前走吧，可爱的中年人！

06
人到中年，更能感知婚姻和成长的意义

（一）

人到中年，可能会经历失业、得病、失去父母等中年危机。这种时候，我们或许更能体会到好婚姻对于我们的意义。

四十几岁的年纪，你失业，出门找工作，但总是"高不成，低不就"，感觉自己走到哪儿都没有用武之地。你"上有老、下有小"，养家糊口的压力还在，却突然遭此变故，若是没有家人的支持，当如何度过？父母老了，孩子还小，你不忍让他们揪心，何况他们知道了这些事情也没法帮你解决，你唯一能倚仗的，就是伴侣了。

回到家里，她/他给你加个油、鼓把劲儿，告诉你"别怕，有我在"，你似乎就能多产生一些力量，带上自信再出发。若是没有伴侣，你只能抱抱自己，哭一顿，擦干泪后再拍拍身上的灰尘，重新站起来。若是有一个坏伴侣，遇到这种情况就是开启了"地狱模式"，你可能每天被埋怨、指责、挖苦，日子过得雪上加霜。

人到中年，你可能会失去父母。有个好伴侣，我们可以在她/他的怀里哭一场，而她/他抚摸着你的头说"没关系，还有我呢"，这会让你感到安心和温暖，这份安心和温暖可以稀释一些你与父母永别的遗憾和痛苦。

我们可能还会生病甚至患癌。父母照顾不动你了，孩子还没成才，你可以指望一下的，也是那个伴侣。

早些年，我一个前同事患癌，我去医院看她，看到她的丈夫守护在病床前，我当时就很感慨：这也算是不幸中的大幸了。生病了，患癌了，伴侣依然对你不离不弃，这都是上半辈子修来的福分。换而言之，你年轻的时候对伴侣的付出，就像是往"人生银行"里存下了一笔储蓄。有了这笔积蓄，当你有病有灾时可以"支取"。

人到中年，如果没有稳定、幸福的婚姻，多多少少有点遗憾。若有，那么家里出事儿了，有个人可以一起商量、一起扛；孩子叛逆了，还可以找个人当"润滑剂"；父母去世了，内心的那一片悲凉有人可诉说；扛不住了，有个肩膀可以靠靠，有双手可以帮你擦擦眼泪。

单论婚姻状况的话，中年人最好的境况是有一段稳定、幸福的婚姻；其次是快乐地单身；最差的境况是：你明明有个伴侣，却觉得每天如同生活在地狱里，而伴侣就是那个让你感到痛苦的魔鬼。

第4章 成长逻辑：活出发展性，用长远的眼光看待人生

因此，年轻时，咱们都要好好选择、好好经营（选择比经营更重要），这样，到了中年时分，婚姻的抗风险能力会比较高，你的中年也会过得相对容易一些。如果一开始就没选对人，那就要及时止损，努力过好自己的日子，这样人到中年即使遇到了风浪，你也能应对得从容一些。

最怕是什么呢？人没选对、婚姻没经营好，还彼此捆绑在一起。到了中年，你发现自己不仅要搏击生活的风浪，还要搏击对方带给你的雪雨风霜。人生苦短，这一辈子若是这样过，就太不值了，太辛苦了。

（二）

我自己算是年轻时没有"嫁对郎"的人。当初我在"情感银行"存了点积蓄进去，最后亏得血本无归，只能及时止损。

说真的，离婚后，我也不是完全没有怨妇心态。状态不大好的那几天，我还是会有点怨前夫的。当初和我们一起结婚的一些小夫妻，如今依然在并肩建设小家庭，共同对抗命运给的风浪袭击，而我，走到一半得先停下来修补船舱，阻止大水漫灌，再摇摇晃晃升起船帆，向着深海起航。

谁不是奔着幸福去结的婚呢？但他的所作所为，确实也击碎了我的这个梦想。等我从迷雾中走出来，不管是从现实条件还是从心理状态来讲，都已失去了再选择的最佳机会。

怨不得人们会说"女怕嫁错郎"。我们现在的社会会给那些"娶错妻"的男性一块巨大的软垫子，他们哪怕摔一跤，也有软垫子接着。女人呢，若是犯点识人不明、遇人不淑的错，就会结结实实摔在硬地板上，直接屁股开花。这无关个体，甚至可以说是一个结构性困局，男性没有切肤的体验，是体会不到的。

当然了，金钱也可以成为我们"嫁错郎"的软垫子。我的幸运就在于，我提前就知道这一点，并提前给自己备好了一个，虽然薄了点，但依然起到了一定的缓冲和保护作用。

这样一来，我只能安慰自己：人生路上，遇上个把猪队友也是没办法的事。得不到助力，那你唯一能做的，只是淘汰掉他，再轻装上阵，从零开始。现在到这年纪，婚恋"目标客户"稀少，我没时间也没心情参与这种需要拼运气的游戏，干脆掀桌子不玩了。毕竟，把时间和精力花去别的地方，胜算更大，投产比更高。

谈起离婚，没经历过的总觉得这是一起悲剧，并且是会延续到永远的悲剧，可真经历了，发现也就那么回事。

离婚的坏处人们强调得够多了，我也想讲讲好处：之前婚姻生活中那些损害身心的事情没了，煎熬、痛苦、压抑结束，找回了自我，蜕变重生，心界眼界更开阔，心理承受能力更强，活得更通透；不用伺候男人，无婆媳关系困扰，做什么决定都不需要再考虑婆家人感受；在投资房产、买车、家庭琐事、旅行、教育孩子等方面的自由度更高，再也不需要跟人商量以努力获得共识，很多事想做就可以去做。

很多人一提到"结婚"就会联想到"幸福",一听到"单亲"就联想到"悲惨",可事实不尽如此,关键还是看当事人是怎样一个人。也许你所恐惧的事情,在过来人那里不过是命运给的另外一种形式的馈赠。

一个离了婚的朋友跟我说,她拿到离婚证以后感觉如释重负,非常珍惜这来之不易的单身生活。

我特别理解她的心情。两个人在一起,本是为了抵抗生活的惊涛骇浪,但往往有一部分人不是那么的幸运,因为对方本身就成了需要你去抵抗的惊涛骇浪。逃离了,就是幸运。人到中年,谁还没几回"劫后余生"的感触呢?

没有谁的人生是特别容易的,生活对谁而言都可能是要经历一场场战争。但是,让我们"长一智"的,往往不是"吃"的那些"堑"。经历不是财富,对经历的反思和总结才是。苦,不是财富,对苦的认识才是。经历痛苦蜕皮的我们,更需要关心并思考更广阔的世界,不断成长。

电视剧《嘿!老头》中有这样一句台词:"人一生至少要长大三次。第一次是在发现自己不是世界中心的时候。第二次是在发现即使再怎么努力,终究还是有些事令人无能为力的时候。第三次是在明知道有些事可能会无能为力,但还是会尽力争取的时候。"

纪伯伦也说过这样一句话:"当有一天,你不再寻找爱情,只是去爱;你不再渴望成功,只是去做;你不再追求成果和收获,只是去修行……那么,一切才真正开始。"

我还蛮同意上述这些话的。我时常觉得，如果我的人生一帆风顺，或许我也到达不了今天的人生高度。凤凰涅槃，必然要经历痛苦。不到那一步，你可能都迸发不出来那么强大的能量。

也是这些伤痛，让我在三十岁来临之前，找到了自我，触摸到了人生乃至世界的某些真谛。我也终于可以活开一些，也活透一些了。这些，是命运的馈赠，是无价之宝。

以前我总不能理解"安然"到底是啥意思，到底怎么做才叫"安然"。这两年，突然明白了一些。说白了，"安然"就是：为自己的每一个选择买单，无愧于心，不惑于情，安分守己。

当然，这里的安分守己，说的不是"守别人制定的规矩"的意思。这里说的安分，安的不是别人给你制定好的"分"，而是自己的"分"。至于，人为什么要守己？是因为每个人内心都住着一个魔鬼，而你是自己的守门人。越是优秀的人，守己能力越强大。我们的安然，因此而来。

想来，我们都会老去、死去。经行世间，每个人图的就是一场又一场的小欢喜，最后再迎来人生的大别离。那么，在大别离来临之前，希望你我的小欢喜能多一些，再多一些吧。

07
用积极的思维经营亲密关系

（一）

有天，我突然觉得，第一个说出"家和万事兴"这个词的人，可能对"家不和，万事衰"有切肤的体会。

"家不和"的话，别的都不提了，单说经济成本方面，真的很费钱。有些家庭，之所以一直受穷，很大一个原因就是：内耗重。人的时间、精力是有限的，但夫妻俩成天忙着打内战，哪能再拧成一股绳，发挥合力去面对生活的磨难？

一个想做点事情，另外一个就使绊子。一件事情还没开始做呢，两人先在内部打成一团。

原本就穷，再一内耗，就更穷。如果夫妻俩不和但非要捆绑在一起生活，很容易"不患寡而患不均"。自己多承担了一些家庭责任，就会产生计较心理。

一想到自己挣来的钱、置下的房产，将来另一半可能要分走一半，挣钱的动力就会减弱。

相爱的、团结的夫妻，1+1>2。

相处一般、互相制衡和配合的夫妻，1+1=2。

彼此怨怼却非得捆绑在一起生活的夫妻，1+1<2，双方都过得不幸福，还很辛苦。

不和但早早就分开了的夫妻，1就是1，无损耗，两个人就是两个1。

好的婚姻，是夫妻双方均能在这段关系中找到一个满足自己需求的点，并且让双方的收益最大化。

坏的婚姻，就是内耗、互损。它像是癌症一样，侵袭和吞食着每个人的时间、精力。身处这种关系中，你每天都像被"谋财害命"。

（二）

生活中，很多人一直在使用"对抗型思维"而不是"合作型思维"为人处世。

在婚姻中，夫妻俩互相对抗、拆台、使绊子，却死拖着不离婚。

家庭中，也总有人喜欢搞对抗。两个年轻人都已经快三十岁才恋爱结婚，双方父母还能在他们之间踩上无数脚。

小夫妻婚后、生子后，婆媳矛盾、岳婿冲突集中爆发，一家人把日子过得鸡犬不宁、乌烟瘴气。今天婆媳围绕着"孩子生病了应该如何护理"展开争执，明天两夫妻又为"今年过年去谁的父母那里过"冷战，后天丈母娘又嫌女婿赚不来大钱、买不了大房子而跟女婿杠上……屁大点事情搞得大家都不安生。

于是，好端端一家人，心力全花在了这些内耗上。他们还特别信奉"婚姻是两家人的事儿"这句话，愣是把原本简单的问题复杂化。大家把时间、精力都花来搞内耗，哪还有什么精力追求进步以及"诗与远方"？

甚至于，他们跟自己也在对抗，遇到挫折和打击就自我否定。

可是，人活一世，我们需要少点对抗思维，多点合作思维。

合作思维是怎样的呢？是懂得跳出圈外，看看自己和别人分别拥有什么，然后，想办法用自己所有的、多余的，去换取自己稀缺但别人富余的，进而达到合作共赢的目的。

夫妻俩相处，也要多看对方的长处，多利用对方的长处，去补足自己的短处。夫妻俩心往一处想，劲儿往一处使，家和万事兴，家不和万事衰。

跟自己相处也一样。善待身体，善待内心。用合作思维而不是对抗思维跟自己的身体和心灵对话，谋求共赢。

（三）

不可否认，人是社会性的动物。拥有和谐的人际关系，对我们而言太重要了。

和身边重要的人关系和谐，人就没有那么累。若是我们跟父母、伴侣、孩子等重要的人的关系不和谐，将会非常消耗能量。

若是跟次要的人关系不和谐，虽然会影响我们的心情，但它不会严重影响我们的幸福指数。

也就是说，亲密关系决定我们的生活质量和幸福指数。跟父母、伴侣、孩子的关系，都算是亲密关系。

一段好的亲密关系能让你变成自己都喜欢的人，一段糟糕的关系则会让你变成连自己都讨厌的混蛋。

可是，我发现很多人其实并不具备经营亲密关系的能力。

我自己也是近几年在跟他人的相处过程中，开始思考"如何经营亲密关系"的问题。以下是我的一些感悟，与大家共勉：

第一，尊重每个人的独立性，确立明确的边界。每个人都是独立的个体，我们只不过是刚好与别人发生了联系而已，但不能因为发生了这种联系，我们就把别人认为是私人"物品"。每个人都是一个星球，都有各自的轨道，因此，懂得尊重彼此的边界非常重要。

这包括两方面的内容。

一方面是敢于捍卫自己的边界。比如，我妈其实很喜欢不合理地控制我，但我一直在反抗，并且，反抗出了点名堂。我的反抗，也慢慢让我妈意识到,她的控制是无效的。

另一方面是尊重别人的边界,说白了就是不逼迫别人做不想做的事。如果我们对孩子做不到鼓励和包容,那孩子可能就无法发展出自己的独立人格。

从某种意义上来说,选择离婚也是我捍卫自己的边界、尊重别人的边界的方式。当对方的言行严重侵犯到我的安全感,我就要捍卫自己的权利。同时,我也尊重别人的边界,亲手解开婚姻缰绳,放他自由。

第二,学会沟通。即使在亲密关系里,我觉得我们依然没办法按照本能去沟通,很多时候甚至需要用到商业上的谈判思维和交换思维,而不是索取思维。

所谓谈判思维,就是知己知彼、换位思考。充分表达自己,充分倾听对方。在我们评判对方之前,先把情况了解清楚,否则,很容易让沟通卡在半道,无法顺畅进行下去。所谓换位思考,就是尽量站在对方的角度考虑问题,这一点可以说是老生常谈了。

而交换思维,是我们要有平等待人之心,要尽量拿付出去交换所得,但切勿对他人实施道德绑架。

即使在亲密关系中,我们能拥有的爱、温暖和愉悦感,也是需要我们付出些什么去得来的。想让自己开心,那就先让别人开心。想让别人爱你,自己得先变成一个可爱的人。

我们不是天然拥有了某种身份,比如父母、儿女、伴侣,就能理所当然地得到爱的。

第三，遇对人很重要，因此，我们要正确看待分离。亲密关系是最脆弱的，也是最需要呵护的。但当双方关系破裂后，可能我们再努力经营，也于事无补。

当我们跟某个人分离后，我们的喜怒哀乐就与对方无关了，当下我们最需要的，是重建内心秩序，重新肯定自己的价值。你要相信你是有价值的，无论对方曾经怎么对待你，你都是值得被爱的。

经营亲密关系，我觉得本质上不是搞定某个人，而是如何自我成长。

这个过程是长期的，我们可能会不断地尝试、受挫、反省、调整，但是我相信一点，不管亲密关系是存续还是结束，它都会有利于我们的成长。

说到底，他人不是天堂也不是地狱。我们终究是要通过和他人的交往，实现自我的成长，解决我们与自我、与世界、与生死的关系。

这，或许才是经营亲密关系的终极意义。

跋文：
与你携手，走向下一个十年

（一）

2011年，我一个人去了一趟庐山，那会儿我刚结婚。

爬庐山时，我专门往人烟稀少的地方走，独自攀爬到某个山顶时，还给丈夫发了条短信："这里风景真美。你在的话，该有多好。"

我还一个人去电影院看了一场《庐山恋》。那个影院据说是全世界唯一一个一年到头、一天到晚只播放一部电影的影院，世界吉尼斯英国总部授予《庐山恋》"世界上在同一影院连续放映时间最长的电影"的吉尼斯世界纪录。

看电影时，我又给丈夫发了条短信："我在看电影，多希望此刻你就坐在我旁边。"

去完庐山，我又一个人去了景德镇、婺源。婺源的油菜花开得正好，而我扛着一部新买的单反相机，准备苦练自己的摄影技术，兴致勃勃地从构图开始学起。

那会儿我还很年轻，路上遇到同样钻研摄影的大叔，人家还会亲切地称呼我为"小姑娘"；现在，人们把这个称呼送给了我的女儿。

去庐山、景德镇、婺源游玩的这些事情好像就发生在昨天，可掐指一算时间，自己首先就被吓一跳：怎么都已经过去了十几年了啊，这日子过得可真快。

当时我把这些照片分享到了微博上，有个婺源当地的小哥注意到了我，然后一直关注我的微博，到现在也有十来年了。

他关注我的时候，我还是个没有加V的小透明。他一路看着我怀孕、孕前失眠、生产过程中无丈夫陪伴、产后隐忍十个月、发现丈夫出轨当即离婚、买车、换房子、辞职、创业，再到现在。

十来年的时间里，这位小哥只是默默关注着我，偶尔给我写个评论，而且写得很诚恳。我也记得他，每年给读者送礼物时，总会留给他一份，他也欣然笑纳，有时还给我回寄一些礼品，并邀请我再去他的家乡看看。

作者和读者之间能有这样的缘分，想来真是好奇妙、好温暖啊。我相信读这本书的你，和我也有一段特别的缘分。我们各自活在自己的生活轨道里，但经由这本书，我们有了交集，在缘分交汇的时刻，向彼此绽放了光亮。

我不知道十年后，我在干什么，你又在哪里，但我真心希望能有更多这样的读者和我一起，走向下一个十年。

（二）

前段时间，我跟一个许久不见的闺蜜有过一场争论。

我说："其实，我感觉你都还没有我的读者了解我。"

她说："怎么会？你的读者都没有跟我一样，和你在日常生活中打过交道、聊过天。"

我说："我的读者中，有很多人看过我写的所有的书、所有的文字，而你没有。她们甚至比你更了解我是个怎样的人、我前段婚姻是怎么回事、我现在又是怎么想的。而我们在一起的大部分时间，我都在听你说。"

闺蜜说："好吧。这点我承认，你是一个非常好的倾听者。"

有时候，尤其是晚上睡不着的时候，我会感到有点孤独。我曾经想找一个能跟我走到人生尽头的伴侣，他不必大富大贵，却是我"最好的朋友"。我扛不住的时候，他能出借一边肩膀给我靠一靠，能出借一只耳朵听我"说一说"。可是，有选择的时候，我不会选；会选的时候，我已经没什么机会了。

能有幸找到一个"把自己当成最好的朋友，自己也把TA当成最好的朋友"的伴侣的人，是很少的；而且，这样的伴侣也只能做到有限度地感同身受。人归根结底是孤独的动物，早日接受并看穿这一点，我们也就慢慢学会和孤独相处甚至学会享受孤独了。

每次我内心感到孤独的时候，我首先想到的就是将所思所想都转化为文字。写作过程中，我一想到将来有读者会看，而这些读者中一定有人懂我，我就不觉得孤独了。

我没有亲密的爱人可以让我天天诉说心事，但是，我有你们。虽然网上有人骂我、嘲讽我，但我知道，一定有那么几个人，真心喜欢我、支持我、懂我。虽然我不知道他们在哪里、长什么样子、过着什么样的生活，但一想到有这样的人在，我就觉得很幸福。

也正是因为这样，我时常感慨：对写作者来说，有读者是一件多么幸运的事啊。再一想到婚姻其实也不一定能缓解一个人的孤独，很多人在婚姻中产生的孤独感多半还是伴侣给的，我就释然了。能陪我们到最后的，只有我们自己；而能缓解我孤独的，还有写作。

写作是一件很辛苦的事，我的腰椎因为伏案写作太久而发生了病变，这是一种不可逆的损伤。但是，因为我热爱写作，因为我有读者，我觉得虽然身体坏了有点遗憾，但很值得。

刚离婚的时候，我心里特别难过，哭了有小半年，枕头都哭废了一个。那时候我太年轻了，内心又不够强大，实在算不得很有出息。

某天晚上，我看完电视剧《今夜天使降临》，翻来覆去睡不着，就跑去主演李小冉的微博下写了一条评论："我离婚了，孩子还不到一岁，我觉得生活是不是永远都不会好起来了。"结果，李小冉居然给我回复了几个字："别难过，会好起来的。"

李小冉可能都不记得自己回复过这样一个网友，但那个深夜，我真的因为这句鼓励而感受到了莫大的温暖。

现在，也会有半夜给我留言说"自己很难过"的网友。只要有空，我都会送出鼓励。我希望能把这份小善意传递下去。也许，真的有人需要呢？

有时候，读者发生什么喜事，比如自己升职加薪啦、孩子考上大学啦、通过哪门考试啦，也会跑来跟我说一嘴。我有空的话，都会回复："真好呀，为你高兴。"

有的读者，会给我讲自己行业里的故事，甚至会给我寄礼物。还有的读者，给我提供了很多写作素材……只可惜我"时间贫困"，没法去了解更多的人。

我这人有很多毛病，比如生性敏感、脾气不算好，还不喜欢被评判、被指点、被教育、被操控，一感知到冒犯、侵扰和危险就很容易防卫过当。但总体来说，我真的想做一个给人感觉"温暖""有趣"的人。这不是"打人设"的需要，而是我对自我的要求。

世界上可能有无缘无故的恶意，但所有的善意都是靠我们自己的努力去挣来的。一想到这里，我就觉得更应该珍惜这些善意，努力为读者做有正能量的内容输出，让读者在我这里"有所得、有所思、有所乐"。

茫茫人海中，我能被大家关注到，就是一种特别的缘分。我的朋友可能都不了解我，但你们当中一定有人了解我，知道我的所思所想、所忧所惧。或许，我们一辈子都不会碰面，但经由这本书，我们想到自己在某条路上还有远方的志同道合者，就不会感到太孤单。

也许,这就是我们相会的意义。真心希望能与你携手并肩,走过下一个十年。

请你加油,我也会加油。我们高处见!